8°S
962
(4)

AF588885

MATÉRIAUX

POUR LA

CARTE GÉOLOGIQUE DE L'ALGÉRIE

1re SÉRIE

PALÉONTOLOGIE

N° 4

FOSSILES TERTIAIRES

DE LA

RÉGION DE GUELMA

PAR

J. DARESTE DE LA CHAVANNE

DOCTEUR ÈS SCIENCES

PRÉPARATEUR-ADJOINT AU LABORATOIRE DE GÉOLOGIE DE L'UNIVERSITÉ DE LYON

COLLABORATEUR AU SERVICE DE LA CARTE GÉOLOGIQUE DE L'ALGÉRIE

ALGER

ADOLPHE JOURDAN, ÉDITEUR

4, PLACE DU GOUVERNEMENT, 4

1910

MATÉRIAUX

POUR LA

CARTE GÉOLOGIQUE DE L'ALGÉRIE

MATÉRIAUX

POUR LA

CARTE GÉOLOGIQUE DE L'ALGÉRIE

1re SÉRIE

PALÉONTOLOGIE

N° 4

FOSSILES TERTIAIRES

DE LA

RÉGION DE GUELMA

PAR

J. DARESTE DE LA CHAVANNE

DOCTEUR ÈS SCIENCES

PRÉPARATEUR-ADJOINT AU LABORATOIRE DE GÉOLOGIE DE L'UNIVERSITÉ DE LYON

COLLABORATEUR AU SERVICE DE LA CARTE GÉOLOGIQUE DE L'ALGÉRIE

ALGER

ADOLPHE JOURDAN, ÉDITEUR

4, PLACE DU GOUVERNEMENT, 4

1910

FOSSILES TERTIAIRES

DE LA

RÉGION DE GUELMA

CHAPITRE I

DESCRIPTION PALÉONTOLOGIQUE DE LA FAUNE DES CALCAIRES A N PLANULATUS DU DJEBEL BARDOU

ANNÉLIDES

Serpula varicosa nov. sp.

(Pl. II, fig. 1*a*, 1*b*, 1*c*, 1*d*)

Forme sans ornementation spéciale, caractérisée par des stries d'accroissements très irrégulières, formant des bourrelets d'épaisseur variable et donnant à la tubulure un aspect successivement dilaté et contracté. Forme tantôt à peu près droite, tantôt pelotonnée en partie, tantôt enroulée assez régulièrement en spirale.

Espèce assez abondante.

Serpula africana nov. sp.

(Pl. II, fig. 2)

Forme ornée de carènes longitudinales peu saillantes au nombre de 7 à 9. Ces carènes sont recoupées par des stries d'accroissement moins fortes et moins irrégulières que dans l'espèce précédente.

Espèce plus rare que la précédente.

LAMELLIBRANCHES

Cytherea *(Meretrix)* **calamensis** nov. sp.

(Pl. I, fig. 1*a*, 1*b*)

Coquille relativement d'assez grande taille, ovalaire et légèrement subtrigone. Le côté antérieur occupe le tiers de la longueur totale.

Le côté antérieur est arrondi en avant, et le côté postérieur est légèrement tronqué à l'arrière. Le côté de la coquille opposé au crochet est subarrondi.

Les crochets sont peu saillants et obliques en avant. La charnière est assez étroite. Celle de la valve droite, qui est seule ici représentée, comprend 3 dents cardinales. La dent postérieure est bifurquée et divergente, presqu'à angle droit par rapport aux 2 dents antérieures, qui sont très proéminentes et font un angle très faible entre elles. Les deux dents antérieures sont un peu obliques en avant, la dent postérieure est très oblique en arrière.

Largeur, 27 m/m ; hauteur, 20 m/m ; épaisseur, 16 m/m pour les deux valves réunies.

Espèce très rarement conservée entièrement.

Cette espèce, bien caractéristique par sa forme subquadrangulaire, ne semble pas avoir beaucoup d'affinités avec les espèces éocènes soit de l'Egypte, soit du bassin de Paris. Toutefois, l'espèce dont elle m'a paru être la plus voisine est : *Meretrix (Callocardia) nitidula* Lamk. que l'on trouve répandue dans le Cuisien, le Lutétien et le Bartonien (*Iconographie des coquilles fossiles de l'Eocène des environs de Paris*, Cossmann et Pissaro, tome I, pl. XI, fig. 50-21) et *Cytherea promeca* Locard (Locard, *Fossiles tertiaires de Tunisie*, p. 36, pl. VIII, fig. 6).

Lucina pharaonum Bell.

(Pl. I, fig. 2*a*, 2*b*, 2*c*)

1854 *Lucina pharaonis* Bell. : *Egitto*, p. 22. Table II ; fig. 1, 2.
1854 *Lucina bialata* Bell. : *Egitto*, p. 23. Table II ; fig. 7.
1854 *Lucina ægyptiaca* Bell. : *Egitto*, p. 23. Table II ; fig. 8.
1862 *Lucina Moevusi* Coq. : *Prov. de Constantine*, p. 269. Table XXX ; fig. 17-18.
1867 *Lucina subcircularis* Fraas : *Aus dem Orient*, I, p. 142. (Non Deshayes.)
1867 *Lucina evanida* Fraas : *Aus dem Orient*, I, p. 143.
1883 *Lucina pomum* May. Eym. : in *Paleontogr.*, XXX, 1, p. 70. (Non Dujardin.)
1901 *Lucina libyca* Cossmann : *Egypte*, p. 25 ; Table III, fig. 16 et 19.
1903 *Lucina pharaonis* Bell. : *Paleontographica zur Kenntnis alttertiärer Faunen in Aegypten* Oppenheim, p. 124 ; Table XIII, fig. 1 et 2, et Table XV, fig. 6.

Coquille de taille relativement assez grande, de forme subcirculaire, légèrement tronquée quadrangulairement, à test mince et fragile. Le côté antérieur est subarrondi et le côté postérieur tronqué presque verticalement. Le bord des valves opposé au crochet est arrondi.

Les valves de la coquille sont presque aussi hautes que larges. Le côté antérieur est légèrement plus court que le côté postérieur. La valve gauche paraît un peu plus déprimée que la valve droite. Les crochets sont très courts et peu saillants par rapport à la taille de la coquille. La charnière est très étroite et ne montre pas trace de dents cardinales. La surface extérieure présente de fines stries, régulières et concentriques, qui s'atténuent vers le milieu des valves et vers le crochet.

Largeur, 32 m/m ; hauteur, 29 m/m ; épaisseur, 10 m/m.

Espèce assez commune.

Cette Lucine se rapproche du groupe *gigantea* Desh. du bassin de Paris par sa forme, sa fragilité et l'absence de dents cardinales à la charnière, mais elle a une taille plus petite. Elle présente plus particulièrement certaines affinités avec : *Lucina depressa* Desh. (*Anim. sans vertèbres*, t. I, pl. 39 ; fig. 3-4, p. 636). Toutefois, dans notre espèce les stries concentriques paraissent moins saillantes. Notre espèce a certaines ressemblances aussi avec : *Lucina suborbicularis* Desh. (*Anim. sans vertèbres*, t. I, pl. 40, fig. 23-24, p. 637). Mais cette espèce comme la précédente a une forme plus circulaire et moins quadrangulaire que la nôtre.

Lucina dhanensis nov. sp.

(Pl. I, fig. 3*a*, 3*b*, 3*c*)

Cette Lucine, bien qu'appartenant au même groupe que la précédente, nous a paru devoir constituer une espèce spéciale. Comme l'espèce précédente elle appartient au groupe *gigantea* Desh. par l'absence de dents à la charnière et la fragilité du test ; mais elle en diffère par sa taille légèrement plus grande, par sa forme un peu moins circulaire et plus allongée transversalement, par une troncature oblique à l'avant, par son crochet un peu plus recourbé en avant, par sa charnière plus large et par les stries concentriques du test qui sont mieux marquées.

Largeur, 41 m/m ; hauteur, 37 m/m ; épaisseur, 14 m/m.

Lucina qürnaensis Oppenheim.

(Pl. I, fig. *4a*, *4b*)

1903 *Lucina qürnaensis* Oppenheim (*Paleont. zur Kenntnis alttertiärer Faunen in Aegypten*, Table XVI, fig. 6, p. 143).

Coquille de petite taille, subcirculaire, tronquée quadrangulairement. Le côté antérieur est subarrondi, le côté postérieur est tronqué presque verticalement; les valves de la coquille sont presque aussi hautes que larges. Le côté antérieur est légèrement plus court que le côté postérieur.

La surface des valves est ornée de stries concentriques très saillantes dont le nombre et la régularité varie suivant les individus. D'une façon générale les stries sont de plus en plus rapprochées à mesure que l'on s'éloigne des crochets. Les crochets sont assez courts, peu saillants et un peu infléchis en avant. La charnière est très étroite. La valve droite comprend une dent cardinale petite et infléchie en arrière et deux petites dents latérales plus fortes, subégales et à peu près équidistantes du sommet. La dent latérale antérieure est oblique en avant et la dent latérale postérieure oblique en arrière. Sur la valve gauche se trouvent trois sinus correspondant à ces trois dents de la valve droite. La lunule est peu développée.

Largeur, 17 m/m ; hauteur, 15 m/m 1/2 ; épaisseur, 6 m/m.

Espèce très commune.

Cette espèce paraît être entièrement conforme à *Lucina qürnaensis* Oppenheim, de l'Eocène d'Egypte et en particulier de l'étage Libysche Stufe. Parmi les échantillons figurés ici, certains sont identiques au type décrit par Oppenheim, c'est-à-dire ont cette forme élevée, nettement quadrangulaire et tronquée.

Mais la plupart de nos spécimens ont une forme plus allongée transversalement ; ils sont tronqués plus obliquement et les stries qui ornent la surface sont souvent plus fines, plus nombreuses et plus serrées.

Toutefois il existe tous les termes de passage entre la forme élevée, quadrangulaire, fortement tronquée et à stries concentriques rares, fortes et écartées de *Lucina qürnaensis* Oppenheim de l'étage Libysche Stufe (Oppenh. Egypte ; table 16, fig. 6, p. 143) et *Lucina Sesostridis* Oppenheim du même étage : Libysche Stufe (Oppenh. Egypte ; table 13, fig. 12, p. 141), forme allongée transversalement, tronquée très obliquement et à stries concentriques fines, nombreuses et serrées. Nous avons été amené à distinguer ainsi trois variétés :

a) Lucina qürnaensis Oppenh. (forme type, élevée, quadrangulaire et tronquée) (Pl. I, fig. 4*a*, 4*b*) ;

b) Une variété à forme très allongée transversalement, tronquée très obliquement et à stries d'accroissement fortes et écartées (Pl. I, fig. 5*a*, 5*b*, 5*c*, 5*d*, 5*e*, 5*f*, 5*g*) ;

c) Une variété à forme allongée transversalement, tronquée obliquement et à stries d'accroissement fines, nombreuses et serrées (Pl. I, fig. 6*a*, 6*b*, 6*c*, 6*d*, 6*e*, 6*f*, 6*g*).

Cardita chmeietensis Oppenheim

(Pl. I, fig. 7*a*, 7*b*, 7*c*, 7*d*, 7*e*, 7*f*, 7*g*, 7*h*)

1903 *Cardita chmeietensis* Oppenh. — Oppenheim, Egypte. Table VIII, fig. 5, 6 ; p. 108.

Coquille d'assez petite taille de forme subcirculaire aussi large que haute. Le bord antérieur est un peu plus arrondi que le bord postérieur. Les crochets sont assez pointus et recourbés très légèrement en avant. Le côté antérieur est sensiblement égal au tiers de la longueur totale.

La surface de la coquille est ornée de côtes rayonnantes, au nombre de 20 environ. Celles-ci, peu accentuées vers le crochet, deviennent plus fortes à mesure qu'elles se rapprochent du bord de la valve. Ces côtes sont recoupées transversalement par de fines stries d'accroissement concentriques de grosseur souvent un peu irrégulière et donnant aux côtes longitudinales un aspect dentelé. Les côtes longitudinales sont plus étroites que les intervalles.

La charnière de la valve gauche contient deux dents cardinales divergentes. La dent antérieure est oblique en avant et plus courte que la dent postérieure, qui est oblique en arrière. La charnière de la valve gauche contient aussi deux fossettes latérales correspondant aux deux dents latérales de l'autre valve. Sur la valve droite il y a deux fossettes cardinales correspondant aux deux dents cardinales de la valve gauche.

Largeur, 15 m/m ; hauteur, 15 m/m ; épaisseur, 10 m/m.

Espèce très commune.

Cette espèce conforme à *Cardita chmeietensis* Oppenh. du niveau Mokattam Stufe de l'Eocène d'Egypte, par sa forme et par son ornementation, n'en diffère que par sa charnière et son crochet qui sont un peu moins développés et par sa dent cardinale antérieure, qui est moins forte et plus oblique en avant.

Cardita Brahimi nov. sp.

(Pl. I, fig. 8*a*, 8*b*, 8*c*)

Cette Cardite a la même taille et à peu près la même forme que l'espèce précédente. Elle n'en diffère guère que par l'ornementation des côtes qui sont strigillées et ont l'aspect épineux. Les côtes sont ainsi plus fortes, plus saillantes et l'intervalle qui les sépare est plus profond.

Cette espère paraît plus rare que la précédente.

Cardita ægyptiaca Fraas

(Pl. I, fig. 9*a*, 9*b*, 9*c*, 9*d*, 9*e*, 9*f*, 9*g*)

1867 *Cardium ægyptiacum* Fraas. — Aus dem Orient, I, p. 141 ; table III, fig. 6

1903 *Cardita ægyptiaca* Fraas. — Oppenheim, Egypte ; table VIII, fig. 13-18 ; table IX, fig. 7 ; p. 102.

Coquille de taille moyenne, de forme rectangulaire, un peu plus large que haute. Le bord antérieur est arrondi et le bord postérieur tronqué verticalement. Les valves étant convexes et renflées, la lunule et l'area sont relativement larges. Les crochets forts, proéminents et très recourbés sont situés très en avant de la coquille, de telle façon que la partie antérieure est égale environ au 1/6 de la longueur totale.

La surface des valves est ornée de côtes longitudinales divergentes, qui vont en s'accentuant du crochet à la périphérie. Ces côtes sont trifides, la carène centrale de chacune d'elles étant épineuse et plus saillante que les deux carènes latérales, qui sont plus lisses et moins saillantes. Les côtes sont en général à peu près de la largeur des intervalles qui sont assez profonds.

La charnière est plus large et plus développée que celle des Cardites précédement décrites. Sur la charnière de la valve gauche se trouvent deux dents cardinales allongées à peu près parallèles et subhorizontales, la dent postérieure étant plus longue et plus effilée que la dent antérieure. Sur la charnière de la valve droite se trouvent deux fossettes où s'emboitent les deux dents correspondantes de l'autre valve. Enfin la charnière de la valve gauche porte en avant une dent latérale très petite et pointue.

Largeur, 23 m/m ; hauteur, 19 m/m ; épaisseur, 14 m/m.

Espèce assez commune.

Cette espèce m'a paru correspondre tout à fait à *Cardita ægyptiaca* Fraas de l'étage Libysche Stufe de l'Eocène d'Egypte. Elle n'en diffère que par ce fait que sur notre espèce les côtes sont un peu plus serrées et un peu plus nombreuses que dans l'espèce d'Oppenheim. Il y en a 22 en moyenne au lieu de 18 à 19. Cette espèce paraît avoir aussi une certaine affinité au point de vue de l'ornementation avec *Cardita Mosis* Oppenheim (Oppenheim : Egypte ; table IX, fig. 12 p. 110.)

Cardita mokattamensis Oppenheim

(Pl. I, fig. 10*a*, 10*b*, 10*c*, 10*d*)

1903 *Cardita mokattamensis* Oppenheim. — (Oppenheim, Egypte. Table VIII, fig. 7-11, p. 103.

Coquille de forme subrectangulaire et très allongée transversalement. L'extrêmité antérieure est subarrondie et l'extrémité postérieure légèrement tronquée. Les crochets peu saillants et très peu recourbés sont situés au tiers antérieur de la longueur de la coquille. Les charnières sont étroites et peu développées par rapport à la taille de la coquille. La charnière de la valve gauche porte deux petites dents cardinales divergentes. La dent postérieure oblique en arrière à une longueur environ double de celle de la dent antérieure, qui est très peu oblique en avant. La charnière de la valve gauche porte deux fossettes disposées d'une façon analogue aux dents correspondantes de l'autre valve. La surface des valves est ornée de côtes divergentes au nombre de 15 environ. Ces côtes sont saillantes et même trifides chez l'adulte, mais seule la carène centrale est proéminente, les deux carènes latérales étant à peine indiquées. Ces côtes sont légèrement dentelées par suite de la présence de stries d'accroissement concentriques qui les recoupent ; ces côtes se terminent par un prolongement épineux dépassant le bord externe des valves, ce qui leur donne un aspect tout à fait caractéristique. Les côtes sont séparées, surtout chez l'adulte, par un intervalle assez profond.

Cette espèce rappelle très nettement par sa forme, par le nombre des côtes des valves et par son ornementation : *Cardita mokattamensis* Oppenheim de l'Eocène d'Égypte (Mokattam Stufe). Elle ne paraît en différer que par ce fait que dans notre espèce la carène centrale des côtes paraît plus développée par rapport aux deux carènes latérales que dans l'espèce d'Oppenheim, où ces deux carènes sont assez saillantes.

Largeur, 15 m/m ; hauteur, 10 m/m ; épaisseur, 6 m/m.

Espèce assez rare.

Cardita mokattamensis Oppenh. nov. sp. var. **spinosa**

(Pl. I., fig. 11)

Cette espèce appartient au même groupe que l'espèce précédente. Toutefois, elle en diffère par sa taille un peu plus grande, par sa forme un peu moins allongée, et par ses côtes moins divergentes, plus fortes et plus épineuses et se terminant par un prolongement épineux dépassant davantage encore le bord externe des valves.

Largeur, 21 m/m ; hauteur, 14 m/m ; épaisseur, 8 m/m.

Arca ? sp.

(Pl. II, fig. *6a*, *6b*)

Moule interne de Arca, pouvant être probablement, étant donné sa forme, voisin de celui de *Arca tenuifilosa* Cossmann, de l'Eocène d'Égypte de l'étage Unter Mokattam Stufe (Oppenheim, Égypte ; pl. x, fig. 4-6, p. 91 ; Cossmann, Égypte ; pl. III, fig. 14-15, p. 21).

Arca Figarii ? Oppenheim

(Pl. II, fig. 9)

Cette espèce dont nous n'avons ici qu'un fragment, paraît être assez voisine par son ornementation, sa forme rectangulaire et sa dépression médiane au milieu des valves de *Arca Figarii* Oppenheim de l'Eocène d'Égypte de l'étage Unter Mokattam Stufe (Oppenheim, Égypte, table x, fig. 9, p. 89).

Arca *(Barbatia)* **Thetys** Oppenheim

(Pl. II, fig. *7a*, *7b*)

1867 *Arca planicosta* Fraas. — *Aus dem Orient*, I, p. 139 (ex parte, non Deshayes).
1903 *Arca (Barbatia) Thetys* Oppenheim. — Oppenheim, Égypte; table x, fig. 8, p. 86.

Cette coquille n'est représentée ici que par sa valve droite. Les bords antérieurs, postérieurs et inférieurs de cette valve sont assez régulièrement convexes. Le bord cardinal est très légèrement convexe. La surface extérieure est ornée de côtes rayonnantes qui deviennent bifides vers le milieu de leur longueur et sont recoupées par de fines stries transverses d'accroissement.

Largeur, 13 m/m ; hauteur, 8 m/m ; épaisseur, 8 m/m.

Espèce assez rare.

Cette espèce correspond par sa forme et son ornementation à *Arca* (*Barbatia*) *irregularis* Desh. du Lutétien, figurée dans Cossmann et Pissaro (*Iconog. des coq. fossiles de l'Eocène des environs de Paris*, pl. XXXVI, fig. 110-17). — Cossmann, (*Catalogue des coq. fossiles de l'Eocène des environs de Paris*, t. II, p. 135).

Arca *(Fossularca)* **zouaraensis** nov. sp.

(Pl. II, fig. *8a*, *8b*)

Coquille de petite taille, comme la précédente, représentée par une seule valve : la valve gauche. Celle-ci est de forme subquadrilatère et très inéquilatérale. Le côté antérieur est beaucoup plus court que le côté postérieur ; le crochet assez accusé se trouve très en avant, au moins au quart antérieur de la coquille, qui est renflée devant le crochet et déprimée par derrière.

Le bord supérieur est rectiligne, allongé et terminé aux deux extrémités par un angle. Le bord antérieur tombe presque droit, le bord postérieur est plus arrondi et plus convexe, le bord inférieur est légèrement convexe.

La charnière est droite et s'étend sur toute la longueur du bord supérieur. Elle montre à ses deux extrémités et surtout à l'extrémité postérieure de petites dents fines et parallèles un peu obliques. La surface extérieure de la valve montre des côtes assez fines traversées par de fines stries d'accroissement.

Largeur, 13 m/m ; hauteur, 8 m/m.

Espèce assez rare.

Cette espèce bien caractéristique par son crochet situé très en avant, et par le bord cardinal des valves qui est absolument rectiligne et assez allongé, présente une certaine affinité avec *Arca (fossularca) margaritula* Desh. figurée dans Cossmann et Pissaro (*Iconog. des coq. fossiles de l'Eocène des environs de Paris*, pl. XXXVII, fig. 110-52) et décrite par Cossmann (*Catalogue*, tome II, p. 143).

Cette dernière espèce est caractéristique de l'Yprésien du bassin de Paris et également du Lutétien.

SCAPHOPODES

Dentalium (*Entaliopsis*) æquale Desh.

(Pl. II, fig. 10*a*, 10*b*, 10*c*, 10*d*, 10*e*)

1864 *Dentalium æquale* Desh. — Deshayes, *Animaux sans vertèbres*, t. II p. 204 ; pl. XX, fig. 5 et 7.

1909 *Dentalium* (*Entaliopsis*) *æquale* Desh. — Cossmann et Pissaro, *Iconog. des coq. fossiles de l'Eocène des environs de Paris*, pl. I, fig. 1-7.

Coquille de taille assez petite, peu arquée en avant, légèrement incurvée et étroite à l'arrière. Section subcirculaire. Son sommet est assez effilé et la coquille va en s'élargissant très sensiblement vers l'ouverture qui est très légèrement ovalaire.

Le test est orné de 15 à 16 filets longitudinaux très fins, peu accentués et visibles surtout vers le sommet. Ces filets s'atténuent en se rapprochant de l'ouverture de la coquille, où le test tend à devenir presque lisse.

Espèce assez commune.

Cette espèce présente beaucoup d'affinités au point de vue de l'ornementation avec *Dentalium* (*Entaliopsis*) *æquale* Desh. figuré par Cossmann et Pissaro (*Iconog. des coq. fossiles de l'Eocène des environs de Paris*, pl. I, fig. 1-7) et décrite par Cossmann (*Catalogue*, t. III, p. 12).

Cette espèce est caractéristique de l'étage Cuisien de l'Eocène du bassin de Paris.

GASTROPODES

Natica mokattamensis Oppenheim.

(Pl. II, fig. 11*a*, 11*b*, 11*c*. 14*d*)

1903 *Natica mokattamensis* Oppeinheim. — Oppenheim, Égypte; table XXI, fig. 9-9*c*, p. 276.

Coquille de petite taille de forme subglobuleuse, formée de 4 à 5 tours de spire. La spire est peu élevée et le dernier tour très développé à une hauteur égale au deux tiers de la hauteur totale et il est percé d'un ombilic profond, au fond duquel s'élève un petit funicule très saillant. Le bord columellaire et le labre sont tranchants. Le plan de l'ouverture est oblique à l'axe. L'ouverture est haute et semi-lunaire. La surface de la coquille est à peu près lisse, c'est à peine si on y aperçoit de fines stries d'accroissement.

Diamètre, 5 m/m 1/2 ; hauteur, 6 m/m.

Cette espèce est identique à *Natica mokattamensis* Oppenheim de l'étage Unter Mokattam Stufe de l'Éocène d'Égypte.

Natica *(Naticina)* **phasianella** Oppenheim.

(Pl. II, fig. 12*a*, 12*b*)

1903 *Natica* (*Naticina*) *phasianella* Oppenheim. — Oppenbeim, Égypte ; table XXII, fig. 7-8, p. 275.

Cette notice diffère de Natica mokattamensis Oppenh. en ce que la spire est plus développée, plus haute et à tours plus nombreux, le dernier tour est moins globuleux et moins renflé ; la bouche est moins haute et moins ovale ; l'ombilic est plus étroit et moins profond et il n'y a pas de funicule.

Diamètre, 5 m/m 1/2 ; hauteur, 8 m/m.

Rare.

Cette espèce, quoique un peu moins allongée, paraît être extrêmement voisine de *Natica (Naticina) phasianella* Oppenh. de l'étage Unter Mokattam Stufe de l'Éocène d'Égypte.

Natica *(Naticina)* **ægyptiaca ?** Oppenheim.

(Pl. II, fig. 13)

1903 *Natica (Naticina) ægyptiaca* Oppenheim. — Oppenheim, Egypte ; table XXI, fig. 8-8 c ; table XXII, fig. 4 a-b, p. 274.

Moule interne et incomplet dont il manque une partie de la bouche; il paraît être très voisin de celui figuré par Oppenheim, sous le nom de *Natica ægyptiaca*.

Xenophora *(Tugurium)* **haliaensis** nov. sp.

(Pl. II, fig. 14*a*, 14*b*)

Coquille de petite taille à spire régulièrement conique et surbaissée, et comptant 5 tours, dont les trois premiers sont lisses, convexes et réguliers, tandis que les derniers sont ornés de 7 à 8 renflements onduleux et sont irrégulièrement impressionnés par l'adhérence de corps étrangers fixés par l'animal à leur surface.

Les tours ont un accroissement assez régulier et la base du dernier est limitée par un angle aigu. Cette base est à peu près plane et creusée d'un ombilic, qui est plus central, plus profond et plus large que dans *Xenophora nummulitifera* Desh., mais ayant ces caractères moins accentués que dans *Xenophora Gravesi* d'Orb.

Diamètre, 5 $^{m}/^{m}$ 1/2 ; hauteur, 3 $^{m}/^{m}$.

Assez rare.

Cette espèce présente certaines affinités avec *Xenophora (Tugurium) Gravesiana* d'Orb., caractéristique de l'Yprésien (Sables de Cuise-la-Motte) dans l'Eocène du bassin de Paris. (Deshayes, Animaux sans vertèbres ; t. II, p. 964, pl. 64, fig. 31-34. — Cossmann et Pissaro. Iconographie des coq. fossiles de l'Eocène du bassin de Paris ; t. II, pl. 12, fig. 69-4. Cossmann, Catalogue ; t. III, p. 192).

Par d'autres caractères cette espèce paraît avoir aussi certaines affinités avec *Xenophora (Tugurium) nummulitifera* Desh. (Deshayes. Environs de Paris ; t. II, p. 965 ; pl. 64, fig. 29-30. — Cossmann et Pissaro. Iconographie des coquilles fossiles des environs de Paris ; t. II, pl. 12, fig. 69-5. Cossmann, catalogue ; t. III, p. 192). Cette espèce est également caractéristique de l'Yprésien.

L'espèce que nous figurons ici présente des caractères intermédiaires entre *Xenophora nummulitifera* Desh. et *Xenophora Gravesi* d'Orb. Par sa spire relativement élevée, elle se rapproche de la première, et par son ombilic plus ouvert que dans *X. nummulitifera* Desh., elle se rapproche de la seconde.

Solarium bistriatum Desh.

(Pl. III, fig. *1a*, *1b*)

1837 *Solarium bistriatum* Desh. — Deshayes, *Descript. des coq. fossiles des environs de Paris*, t. II, p. 215, pl. XXV, fig. 19-20.

1864 *Solarium bistriatum* Desh. — Deshayes, *Animaux sans vertèbres*, t. II, p. 665.

1909 *Solarium bistriatum* Desh. — Cossmann et Pissaro, *Iconogr. des coquilles fossiles de l'Éocène du bassin de Paris*, t. II, pl. 16, fig. 104-2.

Coquille de forme circulaire à spire à cône surbaissé et très aplati. L'échantillon figuré étant incomplet, la spire ne montre que 5 tours seulement; ceux-ci sont aplatis, lisses, et à suture simple. La périphérie du dernier tour est formée par une carène très aigüe, qui est bordée en dessous par un cordonnet limitant le canal peu profond, qui accompagne la carène.

Au centre de la base de la coquille se montre un large ombilic étagé et coupé carrément. Sur notre échantillon, il n'est pas possible de voir les denticulations du bord de l'ombilic et les stries concentriques de la base signalées par Deshayes et Cossmann. La bouche n'est pas conservée sur cet échantillon.

Diamètre, 9 $^{m}/_{m}$; hauteur, 3 $^{m}/_{m}$ 1/2.

Cette espèce, que l'on peut, sans hésitation, rapporter à *Solarium bistriatum* Desh. de l'Yprésien du bassin de Paris, est cependant de taille un peu plus petite, l'ombilic un peu moins ouvert et les tours légèrement moins étroits. Cette espèce d'après Deshayes ne dépasse pas l'horizon de Cuise-la-Motte, c'est-à-dire l'Yprésien. Cossmann la rapporte à l'étage Cuisien.

Turritella Ficheuri nov. sp.

(Pl. III, fig. *2a*, *2b*, *2c*)

Coquille de taille assez grande relativement à celle des autres gastropodes de ce niveau, de forme allongée, assez effilée et à angle spiral peu ouvert, à tours peu élevés dont la hauteur égale les deux tiers de la largeur. Les tours convexes plus déclives en avant qu'en arrière ont un aspect légèrement imbriqué. Ils sont ornés de 6 carènes spirales lisses, dont les 3 antérieures sont fortes, saillantes, lisses, subégales et équidistantes et les 3 postérieures sont représentées par des filets beaucoup plus fins, le dernier bordant la suture. En avant des 3 carènes antérieures, il existe une rampe lisse. L'ouverture de la bouche nous est inconnue.

Cette Turritelle ne paraît pas avoir d'équivalent dans le bassin de Paris. Toutefois elle peut être rapprochée approximativement de *Turritella obruta* Locard (Locard, Fossiles tertiaires de Tunisie ; p. 22, pl. VII, fig. 17) et encore de *Turritella clicta* Locard (Locard, Fossiles tertiaires de Tunisie ; p. 22, pl. VII, fig. 18). Ces moules internes de Turritelles, que Locard a figurés et décrits, sont probablement des formes voisines de notre espèce.

Mesalia bardouensis nov. sp.

(Pl. III, fig. *3a*, *3b*, *3c*, *3d*, *3e*, *3f*, *3g*, *3h*)

Coquille d'assez petite taille, turbinée et à spire médiocrement allongée. La spire se compose d'environ 10 tours convexes. Les 4 ou 5 premiers tours sont plans et leur surface est lisse. Les tours suivants deviennent convexes, tout en restant déclives et légèrement subanguleux à la partie antérieure. Le dernier tour est un peu plus développé et prrfois est orné de strics obsoletes. Les tours sont ornés de filets spiraux plus ou moins accentués et en nombre variant de 5 à 7 ; les deux filets situés à la partie postérieure du tour étant séparés des filets antérieurs par un intervalle plus grand que ceux qui séparent les autres. L'ouverture est petite, oblique et subquadrangulaire.

Longueur 10 $^{m}/_{m}$; largeur du dernier tour 7 $^{m}/_{m}$.

Espèce très commune et très abondante.

Cette espèce présente certaines affinités avec *Turritella Hamiltoni* Desh. qui est caractéristique de l'Yprésien du bassin de Paris (Deshayes, Animaux sans vertèbres ; t. II, p. 324 ; pl. 15 ; fig. 13-16.) Toutefois elle en diffère par la plus grande convexité de ses tours qui sont plus saillants, par sa forme plus allongée et plus effilée et son angle spiral moins ouvert.

Mesalia turbinoides Desh.

(Pl. III, fig. *4a*, *4b*. *4c*, *4d*, *4e*)

1864 *Turritella Hamiltoni* Desh. — Deshayes, *Animaux sans vertèbres*, t. II, p. 324, pl. 15, fig. 13-16.

1909 *Mesalia turbinoides* Desh. — Cossman et Pissaro, *Iconog des coq. fossiles de l'Eocène des environs de Paris*, t. II, pl. XXI, fig. 126-6. — Cossmann, *Catalogue*, p. 306.

Coquille d'assez petite taille, turbinée, à spire plus courte que l'espèce précédente, à angle spiral plus ouvert et à galbe plus trapu. La spire se compose de 9 à 10 tours convexes. Les 4 ou 5 premiers sont lisses et leur surface est presque plane. Les tours suivants sont convexes et sont ornés de 8 à 9 filets spiraux, subégaux et à peu près équidistants. L'ouverture est oblique, presque semi-lunaire, large et peu élevée.

Longueur 17 m/m ; largeur du dernier tour 8 m/m.

Espèce très abondante.

Cette espèce est caractéristique de l'Yprésien du bassin de Paris.

Mesalia carinifera nov. sp.

(Pl. III, fig. 5)

Coquille de même taille, de même forme à peu près que les précédentes Mesalia, se composant également de 9 à 10 tours de spire. Les 3 ou 4 premiers tours sont lisses ; les suivants sont ornés seulement de 4 carènes spirales, plus fortes que dans les espèces précédentes. Les 2 carènes antérieures sont subégales et plus fortes que les 2 carènes postérieures qui sont plus fines et plus rapprochées.

Longueur, 18 m/m ; largeur du dernier tour, 6 m/m 1/2.

Par son caractère d'ornementation des tours et par sa forme générale, cette espèce paraît assez voisine de *Mesalia Heberti*. Desh. de l'Eocène moyen du bassin de Paris. (*Turritella Heberti* Desh. Deshayes, Animaux sans vertèbres, t. II, p. 324, pl. 15, fig. 20-24. — *Mesalia Heberti* Desh.-Cossmann et Pissaro : Iconog. des coq. fossiles de l'Eocène des environs de Paris, t. II, pl. XXI, fig. 126-5. — Cossmann, Catalogue, p. 306). Nous ferons remarquer ici que cette forme est assez rare par rapport aux autres *Mesalia* de ce niveau.

Enfin cette espèce doit appartenir au même groupe que *Mesalia fasciata* Lamk. (Cossmann et Pissaro : Iconog. des coq. fossiles de l'Eocène des environs de Paris, t. II, pl. XXI, fig. 126-9), par suite de la présence sur les tours de 4 carènes saillantes ; toutefois dans notre espèce elles sont moins tranchantes et moins proéminentes et la taille de la coquille est beaucoup plus petite.

Potamides *(Tympanotonus)* **ægyptiacus** Cossm.

(Pl. II, fig. 15*a*, 15*b*, 15*c*, 15*d*, 15*e*)

1901 *Potamides ægyptiacus* Cossm. — Cossmann, *Addition à la faune nummulitique d'Égypte ;* p. 10, pl. I, fig. 4-6.
1903 *Potamides ægyptiacus* Cossm. — Oppenheim. *Égypte*, p. 281, table XXV, fig. 8-9*a*.

Coquille de petite taille, de forme courte et conique, comptant 9 tours convexes subanguleux en avant, dont la hauteur égale la moitié de la largeur, et séparés par des sutures profondément rainurées. Les tours sont ornés de 3 chaînettes spirales de granulations confluentes, reliées entre elles dans le sens axial et un peu obliques. La chaînette postérieure est plus nettement séparée par un sillon des 2 chaînettes antérieures qui sont plus rapprochées. La base du dernier tour paraît un peu excavée.

Longueur, 10 m/m ; largeur du dernier tour, 4 m/m.

Cette espèce tout à fait conforme à *Potamides ægyptiacus* Cossm. en diffère légèrement par sa forme un peu plus allongée et son angle spiral un peu moins ouvert. L'espèce de Cossmann appartiendrait à l'Eocène moyen d'Égypte.

Ficula *(Pirula)* **tricostata** Desh.

(Pl. II, fig. 16*a*, 16*b*, 16*c*, 16*d*, 16*e*)

1824 *Pirula tricostata* Desh. — Deshayes, *Description des coquilles fossiles des environs de Paris*, t. II, p. 584, pl. 79, fig. 10-11.
1866 *Ficula tricostata* Desh. — Deshayes, *Animaux sans vertèbres du bassin de Paris*, t. III, p. 433.

Coquille de petite taille à spire courte composée de 4 tours dont les 2 premiers sont lisses et un peu convexes, les suivants subanguleux, le dernier tour est très grand et se termine par un canal assez allongé. Les deux derniers tours sont ornés de 3 cordons spiraux croisés de filets axiaux légèrement obliques formant un réseau de mailles presque carrées.

A l'intersection des filets axiaux et des cordons spiraux se trouvent de fortes granulations. Ces dernières sont même plus accentuées que dans les autres Pirules du bassin de Paris. De plus, entre les cordons spiraux il n'y a pas de filets spiraux, comme dans certaines Pirules de l'Eocène du bassin parisien. A part ces légères différences, cette espèce présente tous les caractères de *Pirula tricostata* Desh., de l'Yprésien du bassin parisien.

Longueur, environ 6 m/m 1/2; largeur du dernier tour, 4 m/m 1/2.

Cette espèce paraît également avoir certaines affinités avec *Pirula intermedia* Mellev. (Sables tertiaires, p. 69, pl. x, fig. 8-9) et avec *Ficula Smithi* Sow. (Deshayes, Animaux sans vertèbres, t. III, p. 435, pl. 83, fig. 10-11), Ces 2 espèces sont également ypresiennes.

Enfin, au point de vue de la forme générale et de l'ornementation, notre espèce peut être rapprochée de *Ficula thebaica*, Oppenh. (Oppenheim, Egypte, p. 309, pl. xxv, fig. 26). Elle n'en diffère que par ce fait qu'elle possède 3 cordons spiraux sur le dernier tour au lieu de 4. Cette espèce d'Oppenheim appartient à l'étage Libysche stufe de l'Eocène d'Egypte.

Tritonidea Boveti nov. sp.

(Pl. III, fig. 6)

Coquille à spire plus allongée que l'espèce suivante, formée de 6 à 7 tours très convexes et peu élevés. Ceux-ci sont ornés de côtes longitudinales variqueuses, arrondies, obliques et assez régulières, au nombre de 10 environ par tour. Les côtes sont moins fortes que dans l'espèce suivante. Elles sont recoupées transversalement par des filets qui sont au nombre de 4 à 5 par tour. Ces derniers deviennent de plus en plus forts à mesure que l'on se rapproche du dernier tour sur lequel ils donnent aux côtes axiales l'aspect dentelé.

Les côtes axiales suivent d'une suture à l'autre. la convexité des tours, qui deviennent de plus en plus convexes à mesure que l'on se rapproche du dernier tour de la spire. La suture est profonde, surtout entre les derniers tours. La spire est plus allongée que dans l'espèce suivante, et, contrairement à ce qui se passe dans cette dernière espèce, le dernier tour bien qu'incomplet paraît avoir une longueur inférieure à celle du reste de la spire.

Longueur, 18 m/m ; Diamètre du dernier tour, 10 m/m.

Cette espèce ne paraît pouvoir être rapportée à aucune espèce des *Tritonidea* de l'Eocène du bassin de Paris. Si on la compare à *Fusus excisus* Lamk. ou *Tritonidea excisa* Lamk. de l'Eocène moyen (Deshayes. Environs de Paris, t. II, pl. 74, fig. 6, 7, p. 556), on voit que dans notre espèce les côtes longitudinales sont plus fines et plus obliques, les cordons spiraux plus accentués, la spire moins longue et la taille de la coquille plus faible.

Tritonidea Romani nov. sp.

(Pl. IV, fig. 1*a*, 1*b*, 1*c*)

Coquille de forme relativement courte et assez ventrue par rapport à sa longueur. La spire se compose de 6 tours convexes environ, formant un angle spiral assez ouvert. Les tours sont ornés de côtes longitudinales assez fortes, épaisses, régulières, arrondies, presque droites et verticales, au nombre de 10 environ par tour et allant d'une suture à l'autre. Ces côtes axiales sont recoupées transversalement par des cordons spiraux plus fins que les côtes, mais assez saillants, généralement au nombre de 5, équidistants et subégaux, ceux situés à la partie antérieure des tours étant cependant plus accentués que les autres.

La suture des tours est assez profonde ; il n'y a pas de bourrelet sutural bien apparent. Le dernier tour avec le canal est égal à plus de la moitié de la longueur totale ; il est large et assez renflé et ne tarde pas à devenir très déclive pour se terminer en un canal assez volumineux et assez long, un peu arqué à son extrêmité. Les côtes axiales s'atténuent à la base du canal et disparaissent. De fines stries spirales se continuent sur la base de la coquille et sur le canal jusqu'à son extrêmité. La bouche mal conservée paraît être ovale et le bord externe est très convexe.

Longueur, $10^{m}/^{m}$ 1/2 ; largeur du dernier tour, $5^{m}/^{m}$ 1/2.

Cette espèce, comme la précédente, ne paraît pouvoir se rapporter directement à aucune espèce connue du bassin de Paris. Toutefois si cette espèce peut être rapprochée d'un *Tritonidea* connu, ce serait de *Fusus muricinus* Desh. ou *Tritonidea muricina* Desh. de l'Eocène moyen. (Deshayes. Animaux sans vertèbres, t. III, p. 277, pl. 85, fig. 17-19). Cependant sur l'espèce figurée par Deshayes le dernier tour est moins renflé, le canal moins long, la base du dernier tour moins déclive, la bouche plus ovale, la spire plus longue et la taille de l'individu bien plus considérable.

Tritonidea medjerdensis nov. sp.

(Pl. IV, fig. 2*a*, 2*b*)

Coquille de petite taille, de forme plus allongée et moins renflée que dans l'espèce précédente. La spire se compose de 6 tours convexes légèrement imbriqués, ornés de côtes axiales lisses et à peu près verticales au nombre de 13 à 14 par tour. Les 2 premiers tours sont lisses. La suture des tours est très rentrante. Le dernier tour avec le canal a une longueur égale à plus de la moitié de la longueur totale ; il est moins renflé que dans l'espèce précédente, à profil régulièrement convexe, et il se termine par un canal assez large. Les côtes axiales s'interrompent sur la base du dernier tour et sur le canal, où apparaissent de fines stries spirales. L'ouverture est subovale.

Longueur, 9m/m ; largeur du dernier tour, 3m/m 1/2.

Tritonium *(Sassia)* **turriculatum** Desh.

(Pl. IV, fig. 3*a*, 3*b*)

1824 *Triton turriculatum* Desh. — Deshayes, *Env. de Paris* ; t. II, p. 608, pl. 80, fig. 7-9.
1866 *Triton turriculatum* Desh. — Deshayes, *Animaux sans vertèbres* ; t. III, p. 312.
1889 *Triton turriculatus* Desh. — Cossmann, *Catalogue*, p. 117.

Coquille de petite taille turriculée à spire assez allongée et régulière. La spire comprend 7 à 8 tours convexes, dont les deux ou trois premiers sont lisses. La surface des autres tours est ornée de nombreuses côtes axiales, étroites, légèrement courbées et obliques, au nombre de 18 environ par tour. Ces côtes axiales assez fortes sont recoupées par des cordons spiraux plus fins et au nombre de 5 par tour. A l'entrecroisement des côtes et des cordons spiraux s'élèvent de petits tubercules peu saillants.

Sur les tours on observe de distance en distance des varices ; ces dernières sont assez régulièrement espacées ; on en rencontre environ 4 pour 3 tours de spire.

Longueur, 13m/m ; largeur du dernier tour, 5m/m 1/2.

Cette espèce peut être directement rattachée à *Tritonium (Sassia) turriculatum* Desh. de l'Eocène moyen du bassin de Paris. Toutefois sa taille est moins grande, le nombre des tours de spire un peu moins nombreux, l'angle spiral légèrement plus aigu et les côtes axiales plutôt plus saillantes. Cette espèce extrêmement voisine de *Tritonium turriculatum* Desh. est sans doute la forme ancestrale de celle-ci.

Tritonium *(Sassia)* **turriculatum** Desh. var. **latum** nov. var.

(Pl. IV, fig. 4)

Échantillon unique et imcomplet paraissant appartenir au genre *Tritonium*. Cette espèce est caractérisée par le peu d'élévation des tours, dont la hauteur égale à peine la moitié de la largeur. Les tours sont ornés de côtes axiales assez fortes et un peu obliques, au nombre de 15 environ par tour, et traversés par des cordons spiraux au nombre de 5 par tour, un peu moins saillants que les côtes axiales et formant avec ces dernières un réseau de mailles à l'entre-croisement desquelles se trouve un petit renflement. Les côtes axiales sont plus écartées entre elles que les cordons spiraux. La columelle est ornée de 3 plis assez épais dont le plus antérieur est plus oblique que les deux postérieurs.

Cette forme paraît être assez voisine de la précédente. Ses tours sont moins élevés et plus convexes. C'est une variété courte et renflée de l'espèce précédente : *Tritonium turriculatum* Desh.

Tritonium *(Sassia)* **multigranifer** Desh.

(Pl. IV, fig. 5)

1824 *Triton multigraniferum* Desh. — Deshayes, *Env. de Paris* ; t. II, p. 612, pl. 80, fig. 19-20-21.

1866 *Triton multigraniferum* Desh. — Deshayes, *Animaux sans vertèbres* ; t. III, p. 308.

1889 *Triton multigranifer* Desh. — Cossmann, *Catalogue* ; t. IV, p. 119.

Coquille de petite taille à spire régulière et médiocrement allongée. Elle compte environ 6 tours convexes dont les 2 ou 3 premiers sont lisses et les autres ornés d'un réseau de mailles carrées régulières, formé par l'entrecroisement de filets longitudinaux et de filets spiraux au nombre de 5 par tour. Aux points d'entrecroisement des filets s'élèvent de petites granulations. Le dernier tour, incomplet ici, paraît être presque aussi long que tout le reste de la spire. La suture qui sépare les tours est simple et peu profonde.

Longueur, environ 9 $^{m}/_{m}$; largeur du dernier tour, 4 $^{m}/_{m}$.

Cette description est conforme à celle de *Tritonium* (*Sassia*) *multigranifer* Desh. de l'Eocène moyen du bassin de Paris. Notre espèce n'en diffère que par sa forme un peu plus effilée, par son angle spiral légèrement moins ouvert et, enfin, par sa taille plus petite.

Ce dernier caractère tendrait à prouver que nous sommes ici en présence d'une forme ancestrale de l'espèce lutétienne figurée par Deshayes, ce qui s'explique fort bien puisque notre espèce appartient encore à l'Yprésien.

Cette espèce présente aussi quelques analogies avec *Tritonium viperinum* Lamk. (Voir : *Triton viperinum* Lamk. Deshayes, *Environs de Paris*, t. II, p. 611 ; pl. 80, fig. 16-17-18 ; *Animaux sans vertèbres*, t. III, p. 309 ; pl. 87, fig. 1-3).

Tritonium (*Sassia*) **multigranifer** Desh. var. **imbricatum** nov. var.

(Pl. IV, fig. 6)

Cette espèce diffère de la précédente par sa spire plus étagée et ses tours moins élevés et successivement renflés et déclives à la partie postérieure, ce qui donne à la spire un aspect imbriqué. Il existe, de plus, dans cette espèce un cordon sutural granuleux, comme dans *Tritonium multigranifer* Desh. ; les tours sont ornés d'un réseau de mailles carrées formées par l'entrecroisement de filets axiaux (16 à 18 par tour) et de filets spiraux (5 par tour), à l'intersection desquels s'élève une petite granulation.

Les filets axiaux et spiraux, au lieu d'être subégaux comme dans l'espèce précédente, sont inégalement saillants ; les filets axiaux sont plus accentués que les filets spiraux. Par ce dernier caractère cette espèce tendrait un peu à se rapprocher de *Tritonium turriculatum* Desh.

Longueur, 10 m/m ; largeur du dernier tour, 4 m/m.

Cette espèce diffère de *Tritonium multigranifer* Desh. par ce fait qu'à la partie postérieure des tours il y a une sorte de renflement suivi d'une déclivité sur laquelle se trouve la cinquième rangée de granulations, cette dernière étant moins accentuée que les quatre rangées antérieures. Dans notre espèce, les tours sont moins élevés que dans *Tritonium multigranifer* Desh., les côtes axiales n'ont pas tout à fait la même obliquité et l'angle spiral un peu moins ouvert.

Cancellaria Boivini nov. sp.

(Pl. IV, fig. 7)

Cette espèce est représentée ici par un unique échantillon dont il manque une partie du dernier tour. Coquille de très petite taille possédant une spire régulière assez allongée, formée de tours très convexes. Ceux-ci sont ornés d'un réseau de mailles carrées constitué par l'entrecroisement de cordons axiaux et spiraux lisses, donnant lieu, à leur point de rencontre, à un très léger renflement visible seulement à la loupe ou à un fort grossissement. Les cordons axiaux sont au nombre de 17 à 18 par tour, et sont recoupés orthogonalement par des cordons spiraux légèrement moins accentués et au nombre de 6 par tour. Les 2 ou 3 premiers tours de la spire ont la surface lisse.

Cette ornementation spéciale des tours constitue une espèce très caractéristique.

Longueur, 8 m/m 1/2 ; largeur du dernier tour, 3 m/m 1/2.

Cancellaria Doncieuxi nov. sp.

(Pl. IV, fig. 8*a*, 8*b*)

Cette espèce, représentée par des échantillons dont le dernier tour est incomplet, est de très petite taille ; elle possède une spire assez allongée, formée de tours assez élevés et peu convexes. Les 2 premiers tours sont lisses. Les tours suivants sont ornés de côtes axiales légèrement obliques, au nombre de 15 par tour environ ; celles-ci sont recoupées par de fins cordons spiraux assez serrés au nombre de 7 à 8 par tour. Aux points d'intersection s'élèvent de petits tubercules.

De distance en distance s'observent des varices assez dilatées. Ces varices, de grosseur irrégulière, sont disposées irrégulièrement sur la spire, où, de temps en temps, elles remplacent une côte axiale. Ces varices sont recoupées, comme les côtes axiales, par des filets spiraux.

Cette espèce semble avoir certaines affinités, au point de vue de l'ornementation, avec *Cancellaria speciosa* Desh. (Deshayes, *Animaux sans vertèbres*, t. III, p. 100 ; pl. 73, fig. 1-3), ainsi qu'avec *Cancellaria angusta* Watelet (Deshayes, *Animaux sans vertèbres*, t. III, p. 99 ; pl. 73, fig. 4). Ces deux espèces appartiennent à l'Yprésien du bassin de Paris.

Cancellaria fetzaraensis nov. sp.

(Pl. IV, fig. 9*a*, 9*b*, 9*c*, 9*d*)

Coquille de très petite taille dont la hauteur égale à peu près le double de la largeur, à spire moins allongée que dans l'espèce précédente et formée de 4 à 5 tours peu élevés et convexes, dont la hauteur égale sensiblement la moitié de la largeur. Les deux premiers tours sont lisses ; les suivants sont ornés de 15 à 17 côtes longitudinales un peu obliques, recoupées par 6 filets spiraux. De distance en distance se montrent quelques rares varices irrégulièrement disséminées. Le dernier tour paraît être égal au 2/3 de la longueur totale, l'ouverture est assez large et la columelle porte 3 plis.

Nous ferons remarquer que, dans ces *Cancellaria*, l'obliquité des côtes axiales a lieu dans le sens contraire à celui des côtes axiales des *Tritonium*.

Longueur, 5 m/m 1/2 ; largeur du dernier tour, 2 m/m 3/4.

Cette espèce ne diffère de la précédente que par sa forme plus renflée et par sa spire beaucoup moins allongée. Par l'ornementation des tours, le nombre des cordons spiraux, la longueur relative du dernier tour, les plis columellaires et la forme générale, cette espèce paraît assez voisine de *Cancellaria Boutillieri* Cossmann (Catalogue, t. IV, p. 223). Elle présente aussi certaines analogies de ressemblance avec cette forme que Oppenheim a figurée sous le nom de *Gonioptyxis? Kurkurensis* Oppenh. (Oppenheim, *Égypte*, p. 413 ; pl. 26, fig. 5 a-b).

Fusus ? Lamarckii Def.

(Pl. III, fig. 7*a*, 7*b*, 7*c*)

1824 *Fusus Lamarckii* Def. — Deshayes, *Env. de Paris*, t. II, p. 543, pl. 94 *bis*. fig. 3, 4, 5.

Coquille de forme très élégante dont le genre nous a paru difficile à déterminer. Elle semble être assez conforme à la description et à la figure que donne Deshayes de *Fusus Lamarckii* Def. Cette coquille a une spire assez longue, conique, formée de 8 à 9 tours. Les deux premiers sont lisses et légèrement convexes. Les suivants, dont la hauteur n'atteint pas la moitié de la largeur, sont divisés par une carène très saillante et tranchante en 2 rampes lisses, déclives et plates, la rampe postérieure étant plus large et moins déclive que la rampe antérieure. La carène est légèrement granuleuse et festonnée lorsqu'on l'examine à un fort grossissement. Vers la suture, il existe un bourrelet granuleux médiocrement saillant. La base du dernier tour et le canal sont recouverts de fines stries spirales. Le dernier tour est plus court que le reste de la spire. L'ouverture est mal conservée sur nos échantillons.

Longueur, 13m/m ; largeur du dernier tour, 6m/m.

La longueur de la spire et l'ouverture de l'angle spiral paraissent être un peu variables avec chaque individu.

Fusus hipponensis nov. sp.

(Pl. IV, fig. 10*a*, 10*b*, 10*c*, 10*d*, 10*e*)

Cette espèce est représentée par des spécimens dont le dernier tour est en général incomplet. Coquille de forme assez allongée, fusiforme, possédant un canal long et effilé et une spire formée de 7 à 8 tours. Le premier tour est lisse, les suivants sont scalariformes et ornés de côtes axiales très fortes, saillantes, droites, au nombre de 8 par tour, et portant une épine à la partie postérieure du tour. Ce prolongement épineux est particulièrement accentué sur le dernier tour. Les côtes paraissent alterner assez régulièrement d'un tour à l'autre. Elles sont traversées par environ 6 petites cordelettes spirales subégales et à peu près équidistantes. La cordelette postérieure plus développée que les autres passe sur le sommet de l'angle postérieur des tours et constitue par sa rencontre avec les côtes axiales cette apophyse épineuse située à l'arrière de celles-ci. Les plis columellaires paraissent être au nombre de 3.

Longueur, 14m/m 1/2 ; largeur du dernier tour, 4m/m 1/2.

Lyria Depereti nov. sp.

(Pl. III, fig. 8)

Coquille composée de 7 à 8 tours formant une spire conique, scalariforme et étagée. Les 3 premiers sont lisses ; les suivants sont ornés chacun de 10 côtes axiales environ, presque droites, saillantes et se terminant en arrière par un prolongement épineux qui surplombe la suture qui est rentrante. Ces côtes axiales sont recoupées par de fins cordons spiraux visibles surtout sur le dernier tour. La longueur du dernier tour égale environ les 7/10 de la longueur totale. Le canal assez large porte des stries spirales obliques assez fortes.

Longueur, 19m/m ; largeur du dernier tour, 16m/m.

Espèce assez rare.

Lyria Depereti nov. sp. var. **fusiformis**

(Pl. III, fig. 9)

Cette espèce est voisine de la précédente, elle a la même taille et à peu près la même ornementation. Elle en diffère par sa forme moins renflée, son angle spiral moins ouvert, sa spire plus allongée, ses côtes axiales plus nombreuses (12 par tour de spire), plus serrées et plus falciformes sur le dernier tour, et son canal un peu plus étroit.

Longueur, 20m/m 1/2 ; largeur du dernier tour, 9m/m.

Cette espèce parait appartenir au même groupe que *Voluta harpula* Lamk. (Desh. Env. de Paris, t. II, p. 702, pl. 91, fig. 10-11), *Voluta turgidula* Desh. (Desh. Env. de Paris, t. II, p. 700, pl. 90, fig. 9-10) et *Voluta Branderi* Def. (Desh. Env. de Paris, t. II, p. 701, pl. 90, fig. 15-16), dont elle est probablement une forme ancestrale, étant donné sa petite taille.

Mitra cheniourensis nov. sp.

(Pl. IV, fig. 11*a*, 11*b*, 11*c*, 11*d*, 11*e*)

Coquille de très petite taille, allongée et assez étroite, à spire conique formée de 6 tours environ aplatis et lisses. Le dernier tour est sensiblement égal à la moitié de la longueur totale, parfois un peu plus grand. L'ouverture est assez étroite ; le bord externe est presque droit ; la columelle porte 4 plis assez courts, dont le plus antérieur est moins accentué et moins transversal que les autres.

La longueur de la spire et l'ouverture de l'angle spiral sont un peu variables suivant les individus.

Longueur, 6m/m ; largeur du dernier tour, 2m/m 1/2.

Espèce assez commune.

Cette espèce parait assez voisine de *Mitra hordeola* Desh. (Deshayes, Animaux sans vertèbres, t. III, p. 576, pl. 103, fig. 17, 18, 19) des Sables de Cuise. Toutefois dans notre espèce le dernier tour parait plus développé par rapport au reste de la spire que dans l'espèce de Deshayes, et la columelle porte 4 plis au lieu de 5. Dans les deux espèces la spire est conoïde, formée de tours lisses et presque plans, la forme générale est ovoïde, l'ouverture est étroite et à bords parallèles ; le bord externe est mince, tranchant et simple.

Mitra aarensis nov. sp.

(Pl. IV, fig. 12)

Cette espèce n'est qu'une variété de la précédente plus courte et plus renflée. Elle en diffère par sa spire beaucoup plus courte et à angle spiral moins aigu. De plus le dernier tour est plus ventru et égal environ au 2/3 de la longueur totale. Enfin les tours sont moins nombreux et moins élevés.

Longueur, $4^{m}/^{m}$ 1/2 ; largeur du dernier tour, $2^{m}/^{m}$ 1/2.

Surcula nadorensis nov. sp.

(Pl. III, fig. 10)

Coquille à spire assez courte et à angle spiral assez ouvert. La spire est formée de 7 tours environ dont les 3 premiers sont lisses ; les suivants sont ornés de côtes qui deviennent épineuses et fortes surtout sur le dernier tour, où elles se transforment à la partie postérieure en un tubercule portant une dent tranchante et proéminente à l'arrière. Sur le dernier tour ces dents sont au nombre de 11. Les tours sont séparés par un bourrelet sutural et lisse. Le dernier tour égale un peu plus de la moitié de la longueur totale. Le canal est assez long et légèrement recourbé.

Longueur, $20^{m}/^{m}$; largeur du dernier tour, $7^{m}/^{m}$.

Cette espèce parait appartenir au même groupe que *Pleurotoma dentata* Lamk. du Lutétien. (Deshayes, Env. de Paris, t. II, p. 452, pl. 62, fig. 3, 4. Animaux sans vertèbres ; t. III, p. 360). Toutefois dans notre espèce les dents sont plus fortes, moins nombreuses, plus distinctes et plus épineuses.

Elle paraît aussi un peu voisine de *Pleurotoma Larteti* Desh. de l'Yprésien du bassin de Paris (Deshayes, Animaux sans vertèbres, t. III, p. 364, pl. 97, fig. 16-18).

Surcula aff. Coustalei Doncieux

(Pl. III, fig. 12*a*, 12*b*, 12*c*)

1908. *Surcula Coustalei*, Doncieux. — Doncieux, *Catalogue des fossiles nummulitiques de l'Aude et de l'Hérault*, 2e partie, fascicule I, p. 37, pl. II, fig. 11.

La forme et les caractères d'ornementation de cette *Surcula* se rapportent tout à fait à ceux qui sont indiqués par M. Doncieux dans sa description de *Surcula Coustalei* Donc. Cette espèce ayant été décrite par M. Doncieux à l'aide d'un spécimen unique et incomplet, nous avons cru devoir compléter cette description grâce à un échantillon complet que nous avons recueilli et que nous figurons à la fin de ce travail.

Coquille de taille moyenne, à spire assez allongée, régulièrement conique, à angle spiral assez ouvert. La spire comprend 9 à 10 tours convexes en avant, excavés en arrière. Les trois premiers tours sont lisses et convexes. La partie antérieure des tours suivants porte des côtes noueuses et assez obliques, atténuées en avant et traversées par des filets spiraux. La base, comme le dernier tour, est sillonnée par des filets nombreux et serrés jusqu'à l'extrémité du canal. La suture est bordée d'un ruban plissé par des stries d'accroissement. Au-dessus de ce ruban sutural une rampe un peu excavée porte de fines stries spirales et des stries d'accroissement dessinant un sinus profond sur la partie antérieure de la rampe.

Le dernier tour avec le canal est un peu plus long que la moitié de la longueur totale. Le canal est assez allongé et légèrement recourbé à son extrémité.

Longueur, 22 m/m ; largeur du dernier tour, 7 m/m.

Cette espèce est de taille plus petite que celle décrite par M. Doncieux et les tours y sont un peu moins élevés et la spire un peu plus courte, *Surcula Coustalei* a été signalé par M. Doncieux dans le Sparnacien des Corbières.

Surcula Richei nov. sp.

(Pl. III, fig. 11*a*, 11*b*, 11*c*)

Coquille de petite taille à spire régulière et conique, formée de 8 à 9 tours convexes ornés de côtes axiales fortes, renflées, au nombre de 9 à 10 par tour de spire. Ces côtes portent des renflements au 2/3 postérieurs de leur longueur, ce qui les rend subanguleuses à la partie postérieure. La surface des tours est couverte de filets spiraux et assez serrés recoupant les côtes axiales. Ces filets spiraux se continuent sur la base de la coquille et sur le canal. Les tours sont séparés par un bourrelet sutural assez saillant.

Longueur, 16 m/m ; largeur du dernier tour 6 m/m.

Cette espèce présente certaines affinités avec *Pleurotoma (Surcula) textiliosa* Desh. (Deshayes. Env. de Paris ; t. II, p. 434, pl. 62, fig. 5

et 6.) (Cossmann. Catalogue, t. IV, p. 262). Toutefois, dans notre espèce, les côtes sont plus nombreuses et moins fortes, la spire plus courte et la taille de l'individu plus petite.

Cette espèce appartient probablement aussi au même groupe que *Pleurotoma (Surcula) polygona* Desh. (Deshayes. Env. de Paris ; t. II, p. 472, pl. 65, fig. 24-26. — Cossmann. Catalogue ; t. IV, p. 262).

Surcula textiliosa Desh.

(Pl. IV, fig. 13)

1824 *Pleurotoma textiliosa* Desh. — Deshayes. *Env. de Paris*, t. II, p. 464, pl. 62, fig. 5-6.

1866 *Pleurotoma textiliosa* Desh. — Deshayes. *Animaux sans vertèbres*, t. III, p. 361.

1889 *Pleurotoma textiliosa* Desh. — Cossmann. *Catalogue des fossiles éocènes des environs de Paris*, t. IV, p. 262, pl. IX, fig. 14.

1901 *Surcula textiliosa* Desh. — Cossmann. *Addition à la faune nummulitique d'Égypte*, p. 5, pl. III, fig. 17 ; pl. I, fig. 11-12.

1902 *Surcula textiliosa* Desh.— *Catalogue illustré des coquilles fossiles de l'Eocène des environs de Paris*, 30 septembre 1902, p. 68, pl. V, fig. 1.

Coquille à spire allongée, à tours ornés de côtes fortes et renflées un peu obliques, recoupées par des cordons spiraux. Bourrelet sutural assez fort, légèrement onduleux. Pour la description de cette espèce, voir celle de Cossmann (Addition à la faune nummulitique d'Egypte, p. 5, pl. III, fig, 17 ; pl. I, fig. 11-12).

Surcula mahounensis nov. sp.

(Pl. IV, fig. 14*a*, 14*b*, 14*c*)

Coquille de petite taille à spire turriculée, régulière, conique, composée de 8 tours environ, ornés de côtes axiales lisses assez espacées au nombre de 10 par tour. Ces côtes sont droites, régulières, très peu obliques et s'étendent d'une suture à l'autre. Les tours sont séparés par une suture recouverte d'un bourrelet simple recouvrant la naissance des côtes du tour suivant. Le dernier tour est plus court que le reste de la spire ; il est assez renflé et se rétrécit très rapidement en avant pour se terminer en un canal légèrement recourbé. Les côtes axiales vont en s'atténuant et disparaissent sur la base du dernier tour.

Longueur, 11 m/m ; largeur du dernier tour, 4 m/m.

Cette espèce paraît voisine de *Pleurotoma decipiens* Desh. de l'Yprésien du bassin de Paris (Deshayes. *Animaux sans vertèbres*, t. III, p. 363, pl. 97, fig. 19-20. — Cossmann. Catalogue, t. V, p. 263).

Elle présente également certaines analogies avec *Pleurotoma raricostulata* Desh. (Deshayes. *Animaux sans vertèbres*, t. III, p. 374, pl. 97, fig. 10-12).

Surcula *(Apiotoma)* **Rousseleti** nov. sp.

(Pl. IV, fig. 16)

Coquille de petite taille, fusiforme, à spire assez allongée et très étagée, formée de 5 tours assez larges, plans sur le côté, très imbriqués et fortement carénés à la partie postérieure. Les deux premiers tours sont lisses et convexes ; le troisième est plan sur le côté avec une carène postérieure et une carène sur la partie plane ; le quatrième a une rampe postérieure saillante limitant l'arrière du tour et deux carènes spirales moins accentuées sur la partie plane ; le cinquième et dernier tour est limité à sa partie postérieure par une carène très forte et très saillante et il porte sur sa surface trois carènes moins saillantes équidistantes et séparées de la carène postérieure par une intervalle concave et un peu plus grand que celui qui les sépare entre elles.

Le dernier tour est très grand, et avec le canal il atteint plus des deux tiers de la longueur totale. La base du dernier tour se rétrécit rapidement et se termine par un canal long et effilé, étroit et presque rectiligne. La bouche assez mal conservée paraît être étroite et allongée.

Longueur, 11 m/m ; largeur du dernier tour, 3 m/m 1/2.

Cette espèce de forme tout-à-fait spéciale ne paraît pouvoir être rapprochée d'aucune espèce, soit de l'Eocène du bassin de Paris, soit de l'Eocène des Corbières, soit de l'Eocène d'Egypte.

Surcula *(Apiotoma)* **Rousseleti** nov. sp. var. **ventricosa**

(Pl. IV, fig. 17)

Coquille de petite taille appartenant au même groupe que l'espèce précédente, dont elle se distingue par sa forme moins allongée et surtout beaucoup plus renflée. Elle possède une spire étagée formée de cinq tours imbriqués, plans, et fortement carénés à la partie postérieure. Les deux premiers tours sont lisses et convexes ; le troisième est plan avec une carène postérieure saillante le limitant à l'arrière et une autre carène spirale assez forte vers le milieu du tour ; le quatrième tour a la même ornementation que le troisième, avec cette différence que le carène médiane est séparée de la carène postérieure par une gouttière de plus en plus profonde. Le cinquième et dernier tour est orné d'une carène postérieure saillante et de deux autres carènes moins accentuées à la partie antérieure du tour qui devient un peu convexe.

Les carènes spirales ornant la surface des tours sont moins nombreuses que dans l'espèce précédente, à cause de l'enroulement plus rapide des tours et de leur hauteur moins considérable. De plus les carènes sont plus saillantes. Le dernier tour est plus ventru et sa longueur ne dépasse guère la moitié de la longueur totale. Le canal est plus large et plus court, et la bouche plus large également.

Longueur, 10 m/m 1/2 ; largeur du dernier tour, 5 m/m.

Cette *Surcula*, comme la précédente, ne m'a semblé pouvoir être rattachée à aucune forme connue de l'Eocène.

Pleurotoma (*Eopleurotoma*) **distans** Desh.

(Pl. IV, fig. 18*a*, 18*b*, 18*c*, 18*d*)

1866 *Pleurotoma distans* Desh. — Deshayes. Animaux sans vertèbres, t. III, p. 372, pl. 97, fig. 7-9.

1889 *Pleurotoma* (*Eopleurotoma*) *distans* Desh. — Cossmann. — Catalogue des coq. fossiles de l'Eocène des environs de Paris, p. 270 (n° 33).

Coquille de petite taille, à spire conique et pointue au sommet, composée de neuf tours, dont les trois premiers sont lisses et convexes. Les tours suivants sont peu convexes et ornés de costules axiales très peu incurvées et très peu obliques, très régulières et très régulièrement espacées. Sur la surface des tours se montrent des filets spiraux fins et réguliers. Les costules axiales s'étendent d'une suture à l'autre et sont au nombre de 17 à 18 par tour. La suture des tours est peu marquée et est recouverte par un bourrelet sutural, sur lequel se montrent de petits renflements en nombre égal à celui des côtes axiales et situés dans le prolongement de ces dernières, qui généralement se font suite d'un tour à l'autre. Le dernier tour n'atteint pas la moitié de la longueur totale ; il se rétrécit pour se terminer par un canal assez court. Le bord externe de l'ouverture est convexe et la columelle un peu incurvée.

Espèce assez commune.

Longueur, 11 m/m 1/2 ; largeur du dernier tour, 3 m/m 1/2.

Cette espèce semble être tout à fait conforme à *Pleurotoma distans* Desh. de l'Yprésien du bassin de Paris. Toutefois dans notre espèce les costules axiales sont un peu moins obliques.

Pleurotoma (*Eopleurotoma*) **tifechensis** nov sp.

(Pl. IV, fig. 19*a*, 19*b*)

Coquille de petite taille, légèrement fusiforme à spire assez allongée, formée de 7 à 8 tours, dont les 2 ou 3 premiers sont lisses ; les tours suivants sont convexes et ornés de côtes axiales saillantes, assez fortes, lisses, légèrement obliques, s'étendant d'une suture à l'autre, s'atténuant un peu à l'arrière du tour et au nombre de 8 à 9 par tour. Généralement, ces côtes axiales alternent avec celles des tours suivants, et elles sont séparées par des intervalles lisses un peu plus larges que les côtes elles-mêmes. Les tours sont bordés à la partie postérieure par un bourrelet sutural onduleux et irrégulier, épousant les sinuosités produites par l'extrémité des costules. Le dernier tour est sensiblement égal à la moitié de la longueur totale, et il se termine par un canal long, assez large, sensiblement rectiligne et dont la surface est dépourvue d'ornementation. Les côtes axiales vont en s'atténuant en avant et disparaissent sur la base du dernier tour. L'ouverture est ovale et les bords latéraux de celle-ci régulièrement convexes.

Longueur, 12 m/m ; largeur du dernier tour, 4 m/m.

On peut rapprocher cette espèce de *Pleurotoma (Eopleurotoma) Cathalai* Doncieux (Doncieux. Catalogue descriptif des fossiles du Nummulitique de l'Aude et de l'Hérault. 2e partie, fascicule I, 1908, p. 43, pl. II, fig. 17) de la base de l'Eocène moyen. Toutefois dans notre espèce les côtes axiales sont plus égales, plus longues, plus régulièrement espacées, plus saillantes et le canal est plus allongé. La taille de la coquille est sensiblement la même dans les deux espèces.

Pleurotoma (*Hemipleurotoma*) **khremissaensis** nov. sp.

(Pl. IV, fig. 21*a*, 21*b*)

Coquille de petite taille à spire assez allongée, régulièrement conique, formée de huit tours environ, dont les deux premiers sont lisses ; les suivants sont ornés de côtes axiales régulières, courtes, tuberculiformes et lisses. En avant du tour elles prennent naissance à la suture, et en arrière, aux 2/3 postérieurs du tour, elles s'atténuent et s'interrompent pour faire place à une rampe concave lisse, sorte de gouttière, bordée à la partie postérieure du tour par un bourrelet sutural large assez épais et onduleux. Les côtes sont au nombre de 11 à 12 par tour ; sur le dernier tour elles s'effacent pour faire place insensiblement à des stries falsiformes axiales, qui recouvrent la base de la coquille et tout le dernier tour. Le dernier tour est à peu près égal à la moitié de la longueur totale. Le canal est assez court et légèrement incurvé à son extrémité. L'ouverture ovale et assez large se rétrécit à la partie antérieure.

Longueur, 14 m/m ; largeur du dernier tour, 5 m/m.

Pleurotoma (*Hemipleurotoma*) **uniserialis** Desh.

(Pl. IV, fig. 20*a*, 20*b*)

1824 *Pleurotoma uniserialis* Desh. — Deshayes. *Env. de Paris*, t. II, p. 458 ; pl. 63, fig. 1, 2, 3.

1866 *Pleurotoma uniserialis* Desh. — Deshayes. *Animaux sans vertèbres*, t. III, p. 381.

1889 *Pleurotoma* (*Hemipleurotoma*) *uniserialis* Desh. — Cossmann. Catalogue des coq. fossiles de l'Eocène des env. de Paris ; t. IV, p. 268.

Coquille de très petite taille, à spire conique, médiocrement allongée, formée de 6 à 7 tours, dont les 2 premiers sont lisses ; les suivants, légèrement convexes, sont bordés à la partie postérieure par un bourrelet simple et saillant formant une sorte de carène ; en avant de ce bourrelet se montre une gouttière concave. Sur le milieu et en avant des tours se dresse une série de costules axiales courtes, régulièrement espacées, assez rapprochées, légèrement arquées et au nombre de 18 environ par tour de spire. Ces costules s'arrêtent assez brusquement sur le dernier tour. Sur la base du dernier tour, il existe de rares filets spiraux. Le dernier tour n'est pas tout à fait égal à la moitié de la longueur totale. Le canal assez court est sensiblement rectiligne.

Longueur, 7 m/m ; largeur du dernier tour, 2 m/m 1/4.

Cette espèce ne paraît différer de *Pleurotoma uniserialis* Desh. de l'Eocène moyen que par ce fait que les costules axiales, ornant les tours, sont un peu plus courtes.

Drillia ægyptiaca Cossmann

(Pl. III, fig. 13*a*, 13*b*, 13*c*)

1901 *Drillia ægyptiaca* Cossm. — Cossmann, *Égypte*, p. 6, table I, fig. 13-14.
1903 *Drillia ægyptiaca* Cossm. — Oppenheim, *Égypte*, p. 333, pl. xxv, fig. 20-22.

Coquille de taille plus grande que celle des Gastropodes précédemment décrits, de forme fusoïde, à spire composée de 8 tours convexes environ, dont la hauteur égale à peu près les 6/10 de la largeur. Les tours convexes au milieu sont légèrement déclives à l'arrière ; les 3 ou 4 premiers tours sont lisses et convexes ; les suivants sont ornés de côtes axiales au nombre de 14 à 15 environ par tour ; ces côtes commencent à la suture en avant du tour et elles s'interrompent en arrière du tour pour faire place à une rampe déclive. Les côtes axiales sont traversées par des filets spiraux équidistants et subégaux. Un bourrelet saillant, formant un cordon perlé de granulations régulières, recouvre la suture. Le dernier tour est sensiblement égal à la moitié de la longueur totale. Sa base déclive et allongée se termine par un canal assez large, de longueur moyenne et très légèrement incurvé à son extrémité. La base du dernier tour et le canal sont recouverts de filets spiraux assez saillants. Les côtes axiales s'atténuent et disparaissent sur la base du dernier tour. L'ouverture est allongée et assez étroite.

Longueur, 21 m/m ; largeur du dernier tour, 6 m/m 1/2.

Cette espèce est tout à fait conforme à *Drillia ægyptiaca* Cossm. de l'Eocène d'Égypte. Elle présente les mêmes caractères de forme et d'ornementation et possède la même taille, à peu près. Elle n'en diffère que par sa forme générale un peu plus grêle et plus effilée, sa spire un peu plus allongée et ses tours plus élevés. *Drillia ægyptiaca* Cossm. se rencontre dans l'étage Mokattam Stufe de l'Eocène d'Égypte.

Drillia numidica nov. sp.

(Pl. III, fig. 14)

Cette espèce appartient au même groupe que la précédente ; elle en est une variété. Elle diffère de *Drilia ægyptiaca* Cossm. par sa forme plus allongée, sa spire plus longue, ses tours plus élevés, ses côtes axiales plus fortes et moins nombreuses (12 par tour de spire), ses filets spiraux moins réguliers, son dernier tour moins déclive en avant et la rampe déclive postérieure des tours moins accentuée.

Mayeria cf. **Bonneti** Cossm.

(Pl. III, fig. 15)

Cette espèce, dont nous ne possédons qu'un fragment de l'extrémité de la spire, nous a paru présenter une grande analogie avec cette forme figurée par Cossmann sous le nom de *Mayeria*, et en particulier de *Mayeria Bonneti*. Ce fragment de spire, que nous avons figuré, a un angle très ouvert et se compose de tours imbriqués, peu élevés, à surface plane et portant une carène saillante à l'arrière.

CÉPHALOPODES

Nautilus sp.

Échantillon unique, incomplet et indéterminable, que nous ne citerons ici que pour mémoire. Les flancs de la coquille sont plus ou moins aplatis, le test est lisse et l'ombilic assez profond.

FORAMINIFÈRES

Nummulites planulatus Lamk.

Pl. II, fig. 17, 18)

Par sa petite taille, par sa forme aplatie et par ses filets assez droits et très peu ondulés, cette espèce n'est autre chose que *Nummulites planulatus* caractéristique de l'Yprésien. Elle est représentée par ses deux formes : la petite forme à grande loge centrale (*Nummulites elegans* Sow.) et la grande forme à petite loge centrale (*Nummulites planulatus* Lamk.)

Cette Nummulite se trouve seule dans les assises calcaires renfermant la faune que nous venons de décrire. Les Nummulites de grande taille telle que *N. irregularis* Desh., *N. Rollandi* Mun. Chalm., *N. distans* Desh., *N. Tchihatcheffi-subdistans* d'Arch. et *N. polygyratus* Desh. se trouvent localisées ensemble uniquement dans les bancs calcaires supérieurs de l'entablement.

CHAPITRE II

DESCRIPTION PALÉONTOLOGIQUE DE LA FAUNE DES BANCS PHOSPHATIFÈRES DES CALCAIRES A N. PLANULATUS DE LA VALLÉE DE L'OUED FTOUAH.

POISSONS

Oxyrhina hastalis Agassiz.

(Pl. V, fig. 1*a*, 1*b*, 1c)

1836 *Oxyrhina hastalis* Agassiz. — *Recherches sur les poissons fossiles*, t. III, p. 277, pl. 34, fig. 8 et 9, fig. 15 et 16.

Spécimens incomplets sans racines : dents aplaties avec deux sillons parallèles au bord de la dent, la partie centrale étant plus renflée avec une dépression au milieu et surtout à la base de la dent.

La plus grande de ces dents possède la forme et la structure de *Oxyrhina hastalis* Agassiz, et elle présente l'aplatissement de *Oxyrhina xiphodon* Agassiz.

Odontaspis aff. cuspidata Agassiz var. Hopei Ag.

(Pl. V, fig. 2)

1844 *Lamna* (*Odontaspis*) *Hopei* Agass. — Agassiz, *Recherches sur les Poissons fossiles*, t. III, p. 293, pl. 37*a*, fig. 27, 28, 29.

1899 *Odontaspis cuspidata* Ag. — A. Smith Woodward, Notes on the teeth of Sharks and Skates from english eocene formations. *Proceedings of the geologist's Association*, vol. 16, p. 7, pl. 1, fig. 12, 14.

1889 *Odontaspis Hopei* Ag. — H. E. Sauvage. Notes sur quelques poissons fossiles de Tunisie, *B. S. G. F.*, 3e série, t. XVII, p. 561.

1893 *Odontaspis* (*Lamna*) *Hopei* Ag. — Thomas. *Fossiles des terrains tertiaires de la Tunisie*, pl. 14, fig. 9.

1902 *Odontaspis Hopei* Ag. G. de Alessandri. Note d'Ittiologia fossile. *Atti della Societa Italiana di Scienze naturali*, vol. 41, p. 446.

1903 *Odontaspis cuspidata* var. *Hopei* Ag. — Priem. Sur les poissons fossiles des phosphates d'Algérie et de Tunisie. *B. S. G. F.* (4e), t. III, p. 394.

1907 *Odontaspis cuspidata* var. *Hopei* Ag. — Leriche. *Contribution à l'étude des poissons fossiles du Nord de la France.* Thèse de doctorat, p. 209.

L'échantillon que nous avons figuré ici paraît bien conforme à cette espèce, que M. Thomas cite dans le niveau phosphaté de l'étage Suessonien au djebel Nasser Allah en Tunisie.

POLYPIERS

Trochosmilia ? sp.

(Pl. V, fig, *4a*, *4b*, *4c*)

BRACHIOPODES

Terebratulina sp.

(Pl. V, fig. *5a*, *5b*, *5c*)

Forme de très petite taille, assez allongée ; les valves sont ornées de fines stries rayonnantes, recoupées par quelques stries d'accroissement vers le bord externe des valves.

Longueur, 10 m/m, largeur, 8 m/m ; épaisseur, 4 m/m 1/2.

LAMELLIBRANCHES

Teredo sp.

(Pl. V, fig. 3)

Fragment indéterminable.

Cardita chmeietensis Oppenh.

(Pl. V, fig. *6a*, *6b*, *6c*, *6d*)

Spécimen à l'état de moule interne paraissant être celui de *Cardita chmeietensis*. Oppenh. du niveau calcaire à *N. planulatus* et à faune siliceuse du djebel Bardou.

Crassatella sp.

(Pl. V. fig. 12)

Moule interne de forme trigone inéquilatérale, épaisse, assez renflée, ornée de stries régulières, tronquée obliquement à la partie postérieure. Le côté antérieur est plus court que le côté postérieur. La carène est assez saillante.

Longueur, 38 m/m ; largeur, 26 m/m ; épaisseur, 20 m/m 1/2.

Crassatella sp.

(Pl. V, fig. 13)

Moule interne de forme subquadrangulaire, tronquée obliquement en avant et en arrière. La carène est très saillante et très proéminente.

Longueur, 39 m/m ; largeur, 27 m/m 1/2 ; épaisseur, 21 m/m 1/2.

Cytherea sp.

(Pl. V, fig. 10)

Moule interne dont le côté antérieur est assez proéminent et légèrement tronqué et le côté postérieur convexe. Les crochets sont relativement peu rejetés en arrière.

Longueur, 24 m/m 1/2 ; largeur, 20 m/m.

Cytherea aff. **calamensis** nov. sp.

(Pl. V, fig. 9)

Moule interne paraissant être celui de *Cytherea calamensis* nov. sp. des calcaires à *N. planulatus* du djebel Bardou.

Longueur, 25 m/m ; largeur, 20 m/m ; épaisseur, 12 m/m.

Tellina sp.

(Pl. V, fig. 11)

Forme très aplatie et allongée. Le côté antérieur est presque aussi long que le côté postérieur. Le côté antérieur est proéminent et le côté postérieur est subarrondi, les crochets peu saillants ; les valves sont ornées de sillons concentriques au nombre de 4 ou 5 vers le bord externe.

Longueur, 26 m/m ; largeur, 18 m/m ; épaisseur, m/m.

Lucina aff. **pharaonum** Bell.

(Pl. V, fig. 7)

Moule interne, étant sans doute celui de *Lucina pharaonum* Bell. des calcaires à *N. planulatus* du djebel Bardou.

Lucina sp.

(Pl. V, fig. 8*a*, 8*b*)

Moule interne indéterminable. Forme moins quadrangulaire que la précédente.

Ostrea multicostata Desh.

Echantillon mal conservé se rapportant à cette espèce de Deshayes.

GASTROPODES

Pirula *(Heligmotoma)* aff. **libycum** Oppenh.

(Pl. VI, fig. 1*a*, 1*b*, 1c, 1*d*)

Moule interne très voisin de celui de *Heligmotoma libycum* Oppenh. (Oppenheim, *Egypte*, p. 321, pl. XXIII, fig. 2). Cette forme se rencontre dans l'étage Libysche Stufe de l'Eocène d'Egypte. Le cône de la spire est très déprimé, le dernier tour très renflé et la partie postérieure du dernier tour proéminente (Voir aussi : *Melongena (Heligmotoma) nilotica* var. *libyca* u. *biseriata* May. Eym. in *Journ. de Conchyl.*, p. 49).

Pirula *(Heligmotoma)* aff. **niloticum** May. Eym.

(Pl. VI, fig. 2)

Moule interne voisin de celui de *Heligmotoma niloticum* May. Eym. (Oppenheim, *Egypte*, p. 319, pl. XXIII, fig. 1, 4, 5). Cette espèce a été signalée dans l'étage Mokattam Stufe d'Egypte. Le dernier tour est moins renflé que dans l'espèce précédente, la rampe postérieure des tours est déclive et oblique, et la spire moins déprimée (Voir aussi : *Melongena (Heligmotoma) nilotica* May. Eym,, in *Journ. de Conchyl.*, p. 48, table III, fig. 2; auch *Fusus* (*Clavulithes*) *Semi* May. Eym. in litt., fig. 1-1 b).

Heligmotoma sp.

(Pl. VI, fig. 3*a*, 3*b*)

Moule interne à ouverture subquadrangulaire et à tours plus étagés que dans les 2 espèces précédentes. Cette espèce est également de taille plus petite.

Rostellaria sp.

(Pl. VI, fig. 4)

Moule interne montrant un commencement d'expansion du labre indiquant une coquille ailée.

Rostellaria sp.

(Pl. VI, fig. 5*a*, 5*b*)

Moule interne analogue à celui décrit par Oppenheim sous le nom de *Rostellaria* sp. du type *Rostellaria lucida* Rouault. (Oppenheim, *Egypte*, p. 291, pl. xxv, fig. 1). Cette forme se rencontre dans les étages Libysche Stufe et Mokattam Stufe de l'Eocène d'Egypte.

Fusus sp.

(Pl. VI, fig. 9*a*, 9*b*, 9*c*, 9*d*)

Moule interne rappelant celui du *Fusus Tadbergensis* Coq. mais il en diffère un peu par son galbe plus fusiforme, sa spire plus allongée et sa forme moins renflée. Ses tours convexes portent d'assez fortes nodosités lisses au nombre de 7 à 8 environ par tour.

Fusus aff. **Tadbergensis** Coq.

(Pl. VI, fig. 8)

Moule interne à angle spiral plus ouvert que le précédent et se rapprochant davantage de la figure du *Fusus Tadbergensis* de Coquand (Pl. 29, fig. 26 et 27. Géol. et paléont. de la province de Constantine, t. II. Mem. de la Soc. d'émulation de la Provence).

Volutilithes sp.

(Pl. VI, fig. 10)

Moule interne très voisin de celui de *Volutilithes inornatus* Oppenh. (Oppenheim, *Égypte*, p. 328, pl. 24, fig. 19). Cette espèce appartient à l'étage Mokattam Stufe de l'Eocène d'Égypte. La forme générale et l'ouverture sont conformes à la figure d'Oppenheim. Toutefois sur notre échantillon les côtes axiales sont moins nombreuses que sur celui figuré par Oppenheim.

Xenophora ægyptiaca Oppenheim

(Pl. VI, fig. 12*a*, 12*b*)

Moule interne à spire conique. L'ouverture de l'angle spiral est sensiblement égal à 90°, comme celui du *Xenophora ægyptiaca* Oppenh. de l'étage Unter Mokattam Stufe de l'Eocène d'Égypte (Oppenheim, *Égypte*, p. 258, pl. 21, fig. 10). Comme dans le *Xeno-*

phora ægyptiaca Oppenh., notre spécimen présente une spire très conique, à tours plans et sa spire possède le même nombre de tours, c'est-à-dire 4 à 5. La base du dernier tour est assez aplatie.

Xenophora aff. **ægyptiaca** Oppenheim

(Pl. VI, fig. 13*a*, 13*b*)

Variété de l'espèce précédente. L'angle spiral est un peu plus aigu ; il est inférieur à 90°.

Xenophora sp.

(Pl. VI, fig. 14*a*, 14*b*)

Moule interne à spire plus surbaissée que dans *Xenophora ægyptiaca* Oppenh. ; l'angle spiral est supérieur à 90°. Le nombre des tours de la spire est inférieur à celui du *Xenophora ægyptiaca* ; il n'y en a que trois ou quatre. Ils sont un peu plus larges et légèrement convexes. La base du dernier tour est moins aplatie, et la surface des tours présente de légères ondulations.

Ce moule interne est probablement celui du *Xenophora (Tugurium) nummulitifera* Desh.

Xenophora sp.

(Pl. VI, fig. 15*a*, 15*b*)

Moule interne présentant les caractères de l'espèce précédente exagérés. L'angle spiral est très ouvert, la spire encore plus surbaissée ; les tours convexes et larges présentent des ondulations flexueuses.

Ce moule interne est probablement celui du *Xenophora (Tugurium) Gravesi* d'Orb.

CÉPHALOPODES

Aturia sp.

(Pl. V, fig. 14*a*, 14*b*)

Ce spécimen mal conservé peut appartenir au groupe de l'*Aturia zic-zac* Sow.

FORAMINIFÈRES

Nummulites planulatus Lamk.

(Pl. V, fig. 16, 17*a*, 17*b*, 17*c*, 17*d*)

Par sa petite taille, sa forme aplatie et ses filets assez droits et très peu ondulés, cette Nummulite n'est autre chose que *Nummulites planulatus* Lamk. caractéristique de l'Yprésien du bassin de Paris et des Corbières. Elle est représentée par ses deux formes : la petite forme à grande loge centrale (*Nummulites elegans* Sow., pl. 5, fig. 17*a* 17*b*, 17*c*, 17*d*), et la grande forme à petite loge centrale (*Nummulites planulatus* Lamk., pl. 5, fig. 16). Cette Nummulite est la même que celle qui est localisée dans les calcaires à faune silicifiée du djebel Bardou.

Operculina ammonea Leymerie

(Pl. V, fig. 15*a*, 15*b*, 15*c*, 15*d*, 15*e*, 17*f*)

Operculina ammonea Leymerie (*Montagne-Noire*, pl. B, fig. 11)

Cette espèce est tout à fait conforme à celle décrite par Leymerie dans la Montagne-Noire, et à celle signalée par M. Doncieux dans les Corbières. Il est intéressant de constater ici son association intime avec le couple *Nummulites planulatus-elegans*.

CHAPITRE III

DESCRIPTION PALÉONTOLOGIQUE DE LA FAUNE DES MARNES LACUSTRES SAHÉLO-PONTIQUES DE LA VALLÉE DE LA SEYBOUSE

Bithinia leberonensis Fischer et Tournoüer.

(Pl. VII, fig. 3*a*, 3*b*, 3*c*, 3*d*, 3*e*, 3*f*)

Bithinia leberonensis. — Fischer et Tourn. (*Leberon*, p. 156, pl. XXI, fig. 1-2).
Bithinia leberonensis. — Fontannes. (*Bassin de Crest*, p. 179, pl. I, fig. 18).
Bithinia leberonensis. — Delafond et Depéret. (*Terr. tert. de la Bresse*, pl. IV, fig. 4).
Bithinia leberonensis. — Depéret et Sayn (Monog. de la faune fluvio-terrestre du miocène supérieur de Cucuron (Vaucluse). *Annales de la Société linnéenne de Lyon* 1900, p. 18, pl. I, fig. 54-60).

Espèce de petite taille à spire modérément allongée, formée de cinq tours. Le dernier tour très développé par rapport à la coquille atteint presque la moitié de la longueur totale.

Cette espèce très voisine de celle figurée par Fischer et Tournoüer. par Fontannes et par MM. Depéret et Sayn dans le bassin de Cucuron (vallée du Rhône), s'en distingue en ce sens que dans l'espèce de Guelma l'angle de la spire est un peu plus ouvert et plus régulier, les tours plus convexes, plus arrondis, régulièrement étagés et non imbriqués; le premier tour est un peu plus renflé et surplombe davantage la spire ; les lignes de suture sont plus profondes, et enfin la bouche est plus circulaire.

Cette espèce, d'une façon générale, a la spire plus courte, plus renflée et plus régulière que l'espèce type des marnes de Cucuron.

La bouche a une forme plus ou moins circulairement régulière suivant les individus.

Longueur, 5 m/m 1/2 ; Diamètre, 3 m/m 1/2.

(Longueur triplée sur la figure).

Espèce très commune.

Limnæa cucuronensis Fontannes.

(Pl. VII, fig. 2*a*, 2*b*, 2*c*, 2*d*, 2*e*)

Limnæa cucuronensis Fontannes. — Les terrains néogènes du plateau de Cucuron, p. 96, pl. II, fig. 9. Étude stratigraphiques, IV, 1878.

Limnæa cucuronensis Fontannes. — Monographie de la faune fluvio-terrestre du Miocène de Cucuron, par MM. Depéret et Sayn; *Annales de la Société linnéenne de Lyon*, 1900; p. 12, pl. I, fig. 43-45.

Coquille de petite taille possédant une spire à tours convexes au nombre de 4. Le dernier tour est assez gros, mais peu renflé et s'abaisse doucement vers la suture.

Le dernier tour dépasse un peu en longueur les 2/3 de la longueur totale, et diffère en cela du type décrit par Fontannes, dans lequel le dernier tour n'atteint pas tout à fait les 2/3 de la longueur totale.

La bouche est ovale, arrondie et dilatée à la base et allongée dans la direction de l'axe de la coquille. Il n'y a pas de fente ombilicale.

Suivant les échantillons la croissance des tours est plus ou moins rapide et la spire plus ou moins effilée.

La surface des tours est couverte de stries longitudinales fines et assez régulières.

Longueur, 10 m/m.

(Longueur triplée sur la figure).

Espèce assez commune.

Limnæa druentica Depéret.

(Pl. VII, fig. 1*a*, 1*b*, 1*c*, 1*d*)

Limnæa druentica Depéret. — Monographie de la faune fluvio-terrestre du Miocène de Cucuron, par MM. Depéret et Sayn. *Annales de la Société linnéenne de Lyon*, p. 13, pl. I, fig. 52-53, 1900.

Coquille de petite taille de forme courte et assez renflée, ayant une spire moyennement développée et formée de cinq tours convexes à suture peu profonde.

Le dernier tour occupe plus des 2/3 de la longueur totale, il est renflé, globuleux et surplombe un peu les autres tours. L'angle spiral est plus ouvert et la spire moins effilée que dans *Limnæa cucuronensis* Fontannes.

La bouche est ovale, allongée, légèrement rétrécie au sommet, dilatée et arrondie à la base, et plus oblique que dans *Limnæa cucuronensis* Fontannes. Le labre est très tranchant et il y a une fente ombilicale.

La surface de la coquille est ornée de fines stries longitudinales.

Longueur, 10 m/m environ.

(Longueur triplée sur la figure).

Espèce assez commune.

Cette espèce se distingue de *Limnæa Deydieri* Fontannes, en ce que son dernier tour fait un angle moins aigu avec la suture et en ce que son ouverture est moins dilatée obliquement.

Par l'intermédiaire de spécimens à tours moins gros et moins renflés, on passe insensiblement à des formes voisines de *Limnæa cucuronensis* Fontannes, ainsi que l'a fait remarquer M. Depéret.

Notre espèce paraît également assez voisine de *Limnæa subperegra* Pallary, du Miocène supérieur de Smendou (Pallary, Sur les mollusques fossiles, terrestres, fluviales et saumâtres de l'Algérie. M. S. G. F., tome IX, fascicule I (1901), p. 151, pl. II, fig. 5).

Limnæa heriacensis Fontannes

Limnæa Bouilleti var. *heriacensis* Fontannes. — Fontannes, Vallon de la Fuly, p. 47, pl. I, fig. 8, *Etudes strat.* I, 1875).

Limnæa heriacensis Fontan. — Fontannes, Terrains tertiaires du haut Comtat, p. 93. *Etude strat.* II, 1876).

Limnæa heriacensis Fontannes. — Fontannes, Plateau de Cucuron, p. 60. *Etudes strat.* IV. 1878.

Limnæa heriacensis Fontannes. — Fontannes, Espèces nouvelles ou peu connues, p. 33, pl. II, fig. 3-4. *Etudes strat.* V, 1879.

Limnæa heriacensis Fontannes. — Monographie de la faune fluvio-terrestre du Miocène de Cucuron, par MM. Depéret et Sayn. *Annales de la société linnéenne de Lyon*, 1900, p. 11 ; pl. I, fig. 34-37 et 87-88.

Echantillon mal conservé dont il manque une partie de la bouche. Par sa spire effilée cette espèce diffère complètement de *Limnæa Cucuronensis*, de *Limnæa druentica* et de *Limnæa Deydieri*; elle se rapproche au contraire du groupe *Bouilleti*, variété *heriacensis* de Fontannes. Sa spire est cependant un peu moins effilée et ses tours un peu plus convexes que dans l'espèce de Cucuron. Elle se rapprocherait, par là, davantage de *Limnæa heriacensis* var. *Gaudryana* Fontannes.

Cette espèce du reste parait être assez rare à Guelma par rapport aux autres espèces de Limnées.

Planorbis calamensis nov. sp.

(Pl. VII, fig. *4a, 4b, 4c, 4d, 4e, 4f, 4g*)

Coquille de petite taille à forme assez aplatie, dissymétrique, biconcave. La spire est formée de 4 tours au plus, croissant assez régulièrement. Le dernier tour est le plus développé et il est assez recouvrant ; il est couvert de fines stries d'accroissement.

L'ombilic est un peu moins large et un peu moins profond sur la face supérieure que sur la face inférieure.

Les lignes de suture sont profondes et bien marquées.

L'ouverture est très oblique, à section subquadrangulaire et s'élargit un peu à la partie inférieure.

Diamètre, $3^{m}/^{m}$ 1/2 ; hauteur, 3/4 de millimètres.

(Grandeur triplée sur la figure).

Espèce très commune.

Cette espèce se rapproche un peu de *Planorbis submarginatus* Crist. et Jan. du Pliocène d'Hauterive (Drôme). Elle en diffère par ce fait qu'elle est moins aplatie et que l'ombilic est un peu moins large. Elle offre aussi quelque analogie avec *Planorbis Steinheimensis* Hilgensdorf, du Miocène moyen de Steinheim. Toutefois elle est plus aplatie que cette dernière espèce et l'ouverture de la bouche est moins circulaire et plus allongée.

Ancylus Neumayri Fontannes

(Pl. VII, fig. *5a, 5b, 5c*)

Ancylus Neumayri Fontannes. — Fontannes, *Le bassin de Crest*, p. 177, pl. I, fig. 16.

Ancylus Neumayri Fontannes. — *Monographie de la faune fluvio-terrestre du Miocène supérieur de Cucuron (Vaucluse)*, par MM. Depéret et Sayn, *Annales de la Société linnéenne de Lyon*, p. 11, pl. I, fig. 5-6, 1900.

Cette espèce correspond aussi nettement que possible à celle que Fontannes a figuré dans sa faune du bassin de Crest.

Elle est ici également caractérisée par son sommet saillant, très recourbé, infléchi à droite et situé assez en arrière ; la partie du test située en avant du sommet est subconvexe ; la partie située en arrière est légèrement excavée ; les flancs sont aplatis et légèrement concaves ; les lignes d'accroissement sont assez accentuées.

Longueur, 7m/m ; largeur, 3m/m 1/2 ; hauteur, 2m/m 1/2.

Le plus grand spécimen, dont la base est plus étroite et plus allongée que dans les deux autres, a son sommet placé un peu moins en arrière.

Cette espèce est relativement rare [1].

---

(1) Toutes les espèces décrites ici proviennent du même gisement situé sur les berges de la Seybouse entre Guelma et le village d'Oued Touta.

CHAPITRE IV

DESCRIPTION PALÉONTOLOGIQUE DE LA FAUNE DES MARNES SULFO-GYPSEUSES SAHÉLIENNES DE LA VALLÉE DE LA SEYBOUSE

A la fin de cette étude paléontologique des terrains tertiaires de la région de Guelma, j'ai réservé un chapitre spécial, consacré à la description de la faune ichthyologique des marnes sulfo-gypseuses de la vallée de la Seybouse. Cette faune a été recueillie en grande partie par M. Rousselet, qui me l'a obligeamment communiquée ; je profite encore de cette circonstance pour lui adresser mes plus sincères remerciements. Je tiens à témoigner aussi ma plus profonde reconnaissance à M. le Dr H. E. Sauvage, qui a mis tant d'empressement à examiner cette faune ichthyologique et a bien voulu en donner la description paléontologique, qu'il m'a autorisé à insérer dans ce travail.

Les poissons des marnes sulfo-gypseuses de la vallée de la Seybouse

par le **Dr H. E. SAUVAGE**

Les Poissons, recueillis par MM. Dareste de la Chavanne et Rousselet dans les couches à gypse et à soufre de Guelma présentent cet intérêt tout spécial qu'ils font partie de la famille des Cichlidés, ainsi qu'il résulte de l'étude faite avec l'aide de MM. le professeur L. Vaillant et J. Pellegrin.

Cette famille des Cichlidés abondamment représentée à l'époque actuelle par 300 espèces environ, réparties en 57 genres, est surtout représentée dans la zone équatoriale des régions néotropicales et éthiopiques. Un seul genre *Etroplus* habite les rivières côtières de Ceylan, de Malabar, de Coromandel.

Les plus anciens Cichlidés connus sont les *Priscacara* décrits par Cope, des formations d'eau douce de l'Eocène du Wyoming et de l'Utah [1]. Ce genre présente le caractère archaïque d'avoir des dents au vomer, exagération du type pharyngognathe.

Smith Woodward en 1898 [2] a rapporté au genre actuel *Acara* de l'Amérique du Sud des Poissons des lignites d'eau douce tertiaires de Taubaté, province de San Paulo, au Brésil.

Tels sont les seuls documents que nous ayons sur les Cichlidés fossiles.

Les Poissons recueillis aux environs de Guelma appartiennent à un genre nouveau *Palæochromis*, dont les affinités sont étroites avec le genre actuel *Hemichromis*, représenté par deux espèces dans les eaux douces de l'Afrique septentrionale et occidentale (Du Nord de l'Afrique au Sud de l'Afrique et toute l'Afrique occidentale jusqu'au cap Ouest de l'Afrique : Sénégal, Niger, Chari, Ogôoué, Congo) suivant M. J. Pellegrin [3].

De même que *Hemichromis*, *Palæochromis* a des écailles grandes, cycloïdes, 3 épines à la nageoire anale, relativement peu d'épines (11 à 13) à la première dorsale La dentition est différente dans les deux genres ; tandis que chez *Hemichromis* on a une ou deux séries de dents coniques à chaque machoire, l'interne très réduite ou absente [4], chez *Palæochromis*, on a au maxillaire trois rangées de dents coniques, la rangée externe composée de dents plus grandes et aigües.

Les *Paratilapia* de Syrie, de Madagascar et des parties chaudes du continent africain ont les dents externes plus faibles. Les genres *Hemichromis* et *Paratilapia* sont d'ailleurs par certaines espèces étroitement apparentés.

Chez *Palæochromis* le nombre des vertèbres est de 25 à 26, dont 12 à 14 abdominales, chiffre très peu différent du type primitif. Chez les Acanthoptérygiens: 12 + 12 = 24 pour la colonne vertébrale.

Palæochromis se rapproche du type isospondylien. Ce type primitif est réalisé à l'époque actuelle par les *Acara* : *Acara tetramerus* Heckel, de la Guyane et du Brésil, et *Acaropsis* : *Acaropsis Nassa*

(1) Bull. U. S. Geol. Surw. Terris, t. III, 1877 ; Vert. Terris form. West, t. I (Rep. U. S. Geol. Surw. Terris, t. III, 1884).

(2) Revista do Museu Paulista, t. III.

(3) J. Pellegrin. Contribution à l'étude anatomique, biologique et taxinomique des Poissons de la famille des Cichlidés, p. 217, 1904.

(4) J. Pellegrin, op. cit. 216.

Heckel de l'Amérique équatoriale. Ces deux genres doivent être considérés comme des formes très anciennes. Or, M. J. Pellegrin regarde le genre africain *Hemichromis* comme un genre peu différencié, que l'on doit rapprocher des *Acara* américains.

Or, cette vue de M. Pellegrin est confirmée par la découverte de *Palæochromis* ; ce genre relie *Acara* à *Hemichromis ;* le genre *Palæochromis* peut être regardé comme la souche des *Cichlidés* africains voisins de *Hemichromis*, tels que *Paratilapia*, *Pelmatochromis*. Les affinités qui existent entre *Palæochromis* et *Hemichromis* expliquent la diffusion considérable des espèces de ce dernier genre en Afrique. *Hemichromis bimaculatus*, forme peu différenciée, dès lors, près du type primitif, se trouve dans la presque totalité du continent africain.

Palæochromis g. nov.

Corps élevé, rappelant celui des Sargues. Au maxillaire trois rangées de dents coniques ; sur la rangée externe plus grandes et aiguës. Écailles grandes, cycloïdes. Dorsale épineuse plus étendue que la dorsale molle avec 11 à 13 porte-épines. 3 porte-épines à l'anale ; nageoire caudale subarrondie, colonne vertébrale composée de 25-26 vertèbres, dont 12 à 14 abdominales.

Voisin des genres *Hemichromis* Peters et *Paratilapia* Bleeker ; en diffère par la dentition. Le genre *Pelmatochromis* Steindenher a des dents beaucoup plus faibles.

Palæochromis Darestei nov. sp.

(Pl. VIII, fig. 1*a*, 1*b*. — Pl. IX, fig. 1)

Corps de forme ovalaire, élevé ; profil du front déclive. Longueur de la tête avec l'appareil operculaire plus petite que la hauteur maximum du tronc, comprise environ trois fois et demie dans la longueur totale du corps. Œil assez grand, situé près de la ligne du front. Appareil operculaire grand, recouvert de grandes écailles. Pectorales et ventrales peu grandes. Dorsale épineuse un peu plus de deux fois aussi longue que la dorsale molle avec 12 fortes épines ; 12 à 13 rayons à la dorsale molle. Pédicule caudal relativement court ; nageoire peu longue, composée de 18 gros rayons. Anale avec 3 grosses épines et une dizaine de rayons mous. Vertèbres : 26 environ, dont 13 à 14 abdominales ; côtes longues et fortes, ainsi que les osselets interapophysaires.

Longueur totale du corps	98 — 160
Longueur de la tête avec l'appareil operculaire	32 — 53
Longueur de la caudale	18 — 40
Hauteur du corps	45 — 78
Hauteur du pédicule caudal	18 — 28

Palæochromis Rousseleti nov. sp.

(Pl. VIII, fig. *2a*, *2b*, *2c*)

Voisine de la précédente, cette espèce s'en sépare, entre autres caractères, par le corps plus allongé, moins élevé. Corps de forme ovalaire. Longueur de la tête avec l'appareil operculaire un peu moindre que la hauteur maximum du tronc, faisant environ la moitié de la distance qui sépare la base de la pectorale de la base de la caudale. Pectorales et ventrales peu grandes. Dorsale épineuse longue avec 11 à 12 fortes épines ; dorsale molle avec 8 à 9 rayons. Anale composée de 3 épines (les 2e et 3e fortes et longues) et de 6 rayons mous. Caudale subarrondie avec une vingtaine de rayons. Vertèbres au nombre de 24-25, dont 13 abdominales ; côtes longues.

Longueur approximative du corps	0m075
Hauteur maximum du corps	0m022
Hauteur du pédicule caudal	0m010

Les échantillons figurés et décrits, ainsi que d'autres spécimens de cette faune ichthyologique, se trouvent au Laboratoire de Géologie de la Faculté des Sciences de Lyon. Certains spécimens de ces Paléochromis, recueillis jadis par M. Ficheur aux environs de Guelma, existent aussi dans les collections de la Faculté des Sciences de l'Université d'Alger. .

Flore des marnes sulfogypseuses sahéliennes de la vallée de la Seybouse

M. Laurent, le savant palæobotaniste du Museum de Marseille, a reconnu parmi les plantes fossiles, malheureusement mal conservées de ce gisement, qu'il a bien voulu examiner :

1° Un cône de conifère pouvant se rapprocher de *Widdringtonia helvetica* Heer ou de *Thuya Saviniana* Gaudin, le premier du Miocène supérieur d'Œningen, le second des travertins de Massa Maritima. Ce type occuperait donc un niveau assez élevé dans la série ;

2° Un second type, constitué par un grand nombre de débris, appartient vraisemblablement à un type de *Castanea* ou de *Quercus* castanéiforme. Ce type des plus polymorphes, ayant existé depuis l'Eocène inférieur jusqu'au Pliocène, ne peut nous fournir aucune donnée bien positive. Toutefois, étant donné son association avec le conifère précité, il doit être d'âge assez récent ;

3° Enfin on peut distinguer un troisième type représenté par une feuille, présentant une nervation analogue à celle de certains Anacardiacées, Sapotacées, Oleinées, Juglenalées. Ces feuilles ont certains rapports avec celles de l'*Olea Osiris* des couches miocènes de Parschlug et de Radoboj ; elles ressemblent aussi à certaines feuilles ou folioles rapportées par Heer à son *Juglans acuminata* de la Molasse suisse.

Enfin, cette flore se trouvant à une latitude remarquablement plus méridionale que les gisements cités précédemment, nous sommes amené à considérer celle-ci comme appartenant à un niveau plutôt élevé dans la série tertiaire.

TABLE DES MATIÈRES

TABLE DES PLANCHES PALÉONTOLOGIQUES

ALGER. — TYPOGRAPHIE ADOLPHE JOURDAN. — ALGER

PLANCHE I

PLANCHE I

FIG. 1. **Cytherea** (*Meretrix*) **calamensis** nov. sp.
- 1*a* Valve droite vue par la face externe.
- 1*b* Valve droite vue par la face interne (1).

FIG. 2. **Lucina pharaonum** Bell.
- 2*a* Valve droite vue par la face externe.
- 2*b* Valve droite vue par la face interne.
- 2*c* Valve gauche vue par la face interne.

FIG. 3. **Lucina dhanensis** nov. sp.
- 3*a* et 3*b* Valves droites vues par la face externe.
- 3*c* Valve droite vue par la face interne.

FIG. 4. **Lucina qürnaensis** Oppenheim.
- 4*a* Valve gauche, face externe. Forme se rapprochant le plus du type d'Oppenheim.
- 4*b* Valve droite, face externe.

FIG. 5. **Lucina qürnaensis** Oppenheim. — Variété à forme allongée transversalement, tronquée obliquement et à stries d'accroissement écartées.
- 5*a*, 5*b*, 5*c*, 5*d* Valves droites, face externe.
- 5*e* Valve gauche, face externe.
- 5*f* Valve droite, face interne.
- 5*g* Valve gauche, face interne.

FIG. 6. **Lucina qürnaensis** Oppenheim. — Variété à forme tronquée obliquement et à stries d'accroissement serrées et nombreuses.
- 6*a*, 6*b*, 6*c* Valves gauches, face externe.
- 6*d* Valve droite, face externe.
- 6*e* Valve gauche, face interne.
- 6*f* Valve droite, face interne.
- 6*g* Échantillon montrant la charnière et le profil des valves.

FIG. 7. **Cardita chmeietensis** Oppenheim.
- 7*a*, 7*b*, 7*c* Valves gauches, face externe.
- 7*d*, 7*e* Valves droites, face externe.
- 7*f* Valve gauche, face interne.
- 7*g* Valve droite, face interne.
- 7*h* Échantillon montrant la charnière et le profil des valves.

FIG. 8. **Cardita Brahimi** nov. sp.
- 8*a* Valve gauche, face externe.
- 8*b* Valve gauche, face interne.
- 8*c* Valve droite, face interne.

FIG. 9. **Cardita ægyptiaca** Fraas
- 9*a*, 9*b* Valves droites, face externe.
- 9*c*, 9*d*, 9*e* Valves gauches, face externe.
- 9*f* Valve droite, face interne.
- 9*g* Valve gauche, face interne.

FIG. 10. **Cardita mokattamensis** Oppenheim
- 10*a*, 10*b* Valves droites, face externe.
- 10*c* Valve gauche, face externe.
- 10*d* Valve droite, face interne.

FIG. 11. **Cardita mokattamensis** Oppenheim var. **spinosa** nov. var.

Gisement. — Calcaires nummulitiques du Djebel Bardou.

Les échantillons de cette planche sont tous de grandeur naturelle.

(1) Échantillon représenté par erreur à l'envers.

EOCÈNE de la Région de GUELMA

J. Dareste de la Chavanne

Phototypie Bourgeois Frères

PLANCHE II

PLANCHE II

FIG. 1. **Serpula varicosa** nov. sp.
1a, 1b Echantillons déroulés.
1c Echantillon enroulé.
1d Echantillon enroulé en spirale.

FIG. 2. **Serpula africana** nov. sp.

FIG. 3. **Nucula ?**
3a, 3b, 3c.

FIG. 4 **Leda ?**

FIG. 5. **Cardita** sp. (Moules internes).
5a, 5b, 5c.

FIG. 6. **Arca** sp. (Moules internes).
6a, 6b.

FIG. 7. **Arca** *(Barbatia)* **Thetys** Oppenheim.
7a Valve droite, face externe.
7b Valve droite, face interne.

FIG. 8. **Arca** *(Fossularca)* **zouaraensis** nov. sp.
8a Valve gauche, face externe.
8b Valve gauche, face interne.

FIG. 9. **Arca Figarii ?** Oppenheim.

FIG. 10. **Dentalium** *(Entaliopsis)* **æquale** Desh.
10a, 10b, 10c, 10d, 10e.

FIG. 11. **Natica mokattamensis** Oppenheim.
11a, 11b Echantillons montrant l'enroulement de la spire.
11c Echantillon vu de profil.
11d Echantillon montrant l'ombilic et l'ouverture.

FIG. 12. **Natica** *(Naticina)* **phasianella** Oppenheim.
12a Echantillon vu de profil montrant l'enroulement de la spire.
12b Echantillon montrant l'ombilic et l'ouverture.

FIG. 13. **Natica** *(Naticina)* **ægyptiaca ?** Oppenheim (Moule interne).

FIG. 14. **Xenophora** *(Tugurium)* **haliaensis** nov. sp.
14a Echantillon vu par le sommet de la spire.
14b Echantillon vu par la face inférieure.
14c Echantillon jeune.

FIG. 15. **Potamides** *(Tympanotonus)* **ægyptiacus** Cossmann.
15a, 15b, 15c, 15d, 15e.

FIG. 16. **Ficula** *(Pirula)* **tricostata** Desh.
16a, 16b, 16c, 16d, 16e.

FIG. 17. **Nummulites planulatus** Lamk. (grande forme à petite loge initiale).

FIG. 18. **Nummulites elegans** Sow. (petite forme à grande loge initiale).

Gisement. — Calcaires nummulitiques du Djebel Bardou.

La longueur des échantillons 1, 2, 7, 8, 9, 10, 17 est doublée.

La longueur des échantillons 3, 4, 5, 6, 11, 12, 13, 14, 15, 16 est triplée.

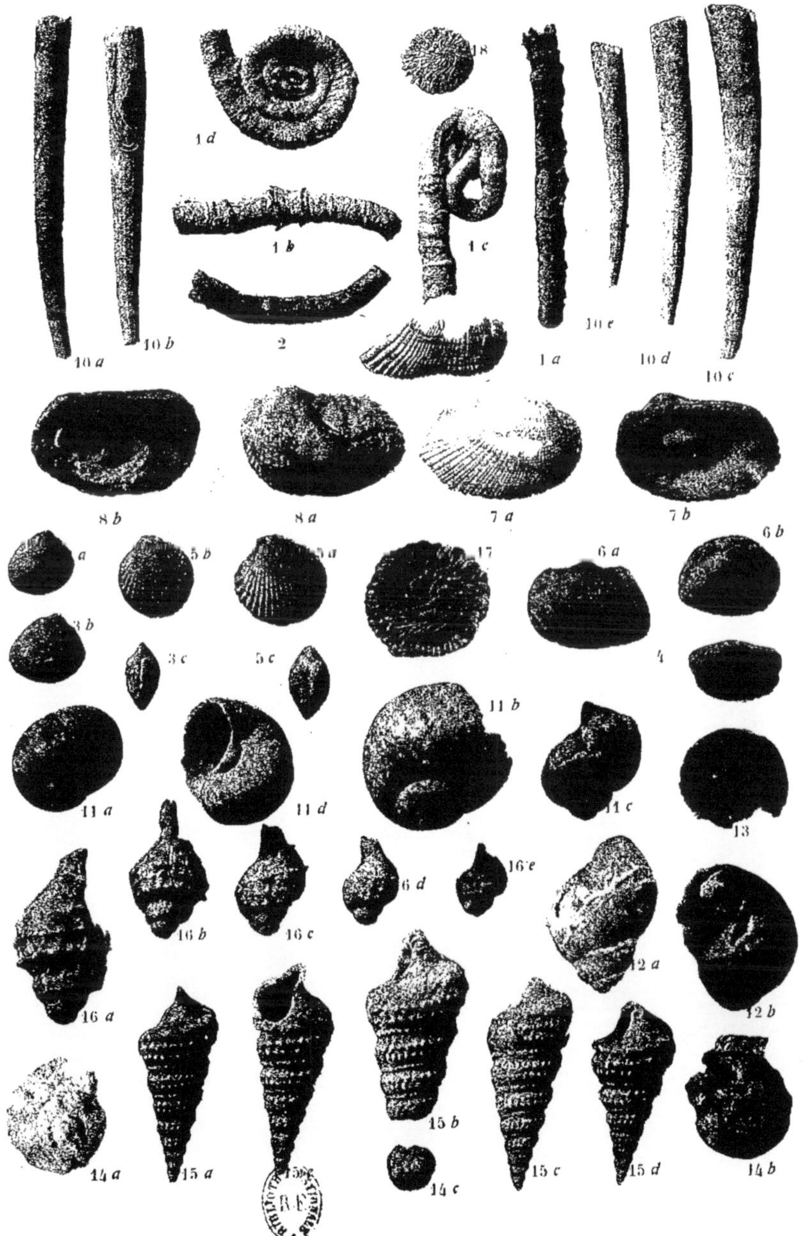

EOCÈNE de la Région de GUELMA

J. Dareste de la Chavanne Phototypie Bourgeois Frères

PLANCHE III

PLANCHE III

FIG. 1. **Solarium bistriatum** Desh.
1a Échantillon vu par la partie supérieure.
1b Échantillon vu par la partie inférieure.

FIG. 2. **Turritella Ficheuri** nov. sp.
2a. 2b, 2c.

FIG. 3. **Mesalia bardouensis** nov. sp.
3a Échantillon montrant l'ouverture.
3b, 3c, 3d, 3e, 3f, 3g, 3h.

FIG. 4. **Mesalia turbinoides** Desh.
4a Échantillon montrant l'ouverture.
4b, 4c, 4d, 4e.

FIG. 5. **Mesalia carinifera** nov. sp.

FIG. 6. **Tritonidea Boveti** nov. sp.

FIG. 7. **Fusus** ? **Lamarckii** Def.
7a, 7b, 7c.

FIG. 8. **Lyria Depereti** nov. sp.

FIG. 9. **Lyria Depereti** var. **fusiformis** nov. sp

FIG. 10. **Surcula nadorensis** nov. sp.

FIG. 11. **Surcula Richei** nov. sp.
11a, 11b.
11c. Échantillon montrant l'ouverture et le canal.

FIG. 12. **Surcula Coustalei** Doncieux.
12a, 12b.
12c Échantillon montrant l'ouverture et le canal.

FIG. 13. **Drillia ægyptiaca** Cossmann.
13a, 13b. Échantillons montrant l'ouverture et le canal.
13c.

FIG. 14. **Drillia numidica** nov. sp.

FIG. 15. **Mayeria** cf. **Bonneti** Cossmann.

Gisement. — Calcaires nummulitiques du Djebel Bardou.

La longueur de tous les échantillons de cette planche est doublée.

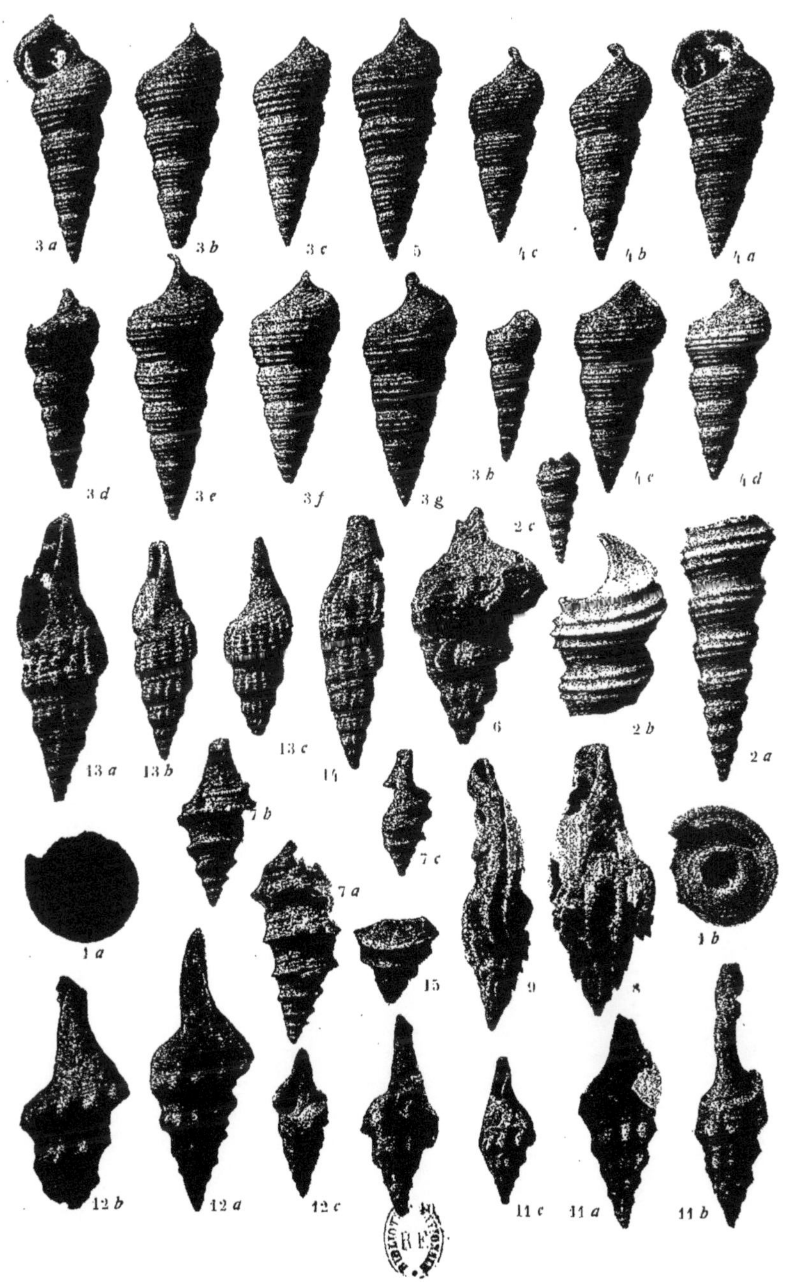

EOCÈNE de la Région de GUELMA

J. Dareste de la Chavanne

Phototypie Bourgeois Frères

PLANCHE IV

PLANCHE IV

Fig. 1. **Tritonidea Romani** nov. sp.
1*a*, 1*b*, 1*c*.

Fig. 2. **Tritonidea medjerdensis** nov. sp.
2*a*
2*b* Échantillon montrant l'ouverture.

Fig. 3. **Tritonium** *(Sassia)* **turriculatum** Desh.
3*a*
3*b* Échantillon jeune.

Fig. 4. **Tritonium** *(Sassia)* **turriculatum** Desh. var. **latum** nov. var.

Fig. 5. **Tritonium** *(Sassia)* **multigranifer** Desh. var. **Boutillieri** Cossmann.

Fig. 6. **Tritonium** *(Sassia)* **multigranifer** Desh. var. **imbricatum** nov. var.

Fig. 7. **Cancellaria Boivini** nov. sp.

Fig. 8. **Cancellaria Doncieuxi** nov. sp.
8*a*, 8*b*

Fig. 9. **Cancellaria fetzarensis** nov. sp.
9*a*, 9*b* Échantillon montrant l'ouverture.
9*c*, 9*d*

Fig. 10. **Fusus hipponensis** nov. sp.
10*a*, 10*b*, 10*c*
10*d*, 10*e* (Moules internes).

Fig. 11. **Mitra cheniourensis** nov. sp.
11*a*, 11*b*
11*c*, 11*d*, 11*e* Échantillons montrant l'ouverture et les plis columellaires.

Fig. 12. **Mitra aarensis** nov. sp.

Fig. 13. **Surcula textiliosa** Desh.

Fig. 14. **Surcula mahounensis** nov. sp.
14*a*, 14*b*
14*c* Échantillon montrant l'ouverture.

Fig. 15. **Surcula ?** (Moules internes) 15*a*, 15*b*

Fig. 16. **Surcula** *(Apiotoma)* **Rousseleti** nov. sp.

Fig. 17. **Surcula** *(Apiotoma)* **Rousseleti** var. **ventricosa** nov. sp.

Fig. 18. **Eopleurotoma distans** Desh.
18*a*, 18*b*
18*c*, 18*d* Échantillons montrant l'ouverture.

Fig. 19. **Eopleurotoma tifechensis** nov. sp.
19*a*
19*b* Échantillon montrant l'ouverture.

Fig. 20. **Hemipleurotoma uniserialis** Desh.
20*a*
20*b* Échantillon montrant l'ouverture.

Fig. 21. **Hemipleurotoma khremissaensis** nov. sp.
21*a* Échantillon montrant l'ouverture.
21*b*

Gisement. — Calcaires nummulitiques du Djebel Bardou.

La longueur de tous les échantillons de cette planche est triplée.

EOCÈNE de la Région de GUELMA

J. Dareste de la Chavanne

Phototypie Bourgeois Frères

PLANCHE V

PLANCHE V

Fig. 1. **Oxyrhina** cf. **hastalis** Agassiz.
1*a*, 1*b*, 1*c*.

Fig. 2. **Odontaspis** aff. **cuspidata** Agassiz var. **Hopei** Ag.

Fig. 3. **Teredo** sp.

Fig. 4. **Trochosmilia ?** sp.
4*a*, 4*b*, 4*c*.

Fig. 5. **Terebratulina** sp.
5*a*, 5*b*, 5*c*

Fig. 6. **Cardita** aff. **chmeietensis** Oppenh. (Moule interne de).
6*a*, 6*b* Valves droites.
6*c* Valve gauche.
6*d* Charnière.

Fig. 7. **Lucina** aff. **pharaonum** Bell. (Moule interne de).

Fig. 8. **? Lucina** sp. (Moule interne de).
8*a*, 8*b*.

Fig. 9. **Cytherea** aff. **calamensis** nov. sp. (Moule interne de).

Fig. 10. **Cytherea** sp. (Moule interne de).

Fig. 11. **Tellina** sp. (id.)

Fig. 12. **Crassatella** sp. (id.)

Fig. 13. **Crassatella** sp. (id.)

Fig. 14. **Aturia** cf. **zig-zag** Sow. (Moule interne de).
14*a*, 14*b*

Fig. 15. **Operculina ammonea** Leymerie (le diamètre de ces échantillons est triplé).
15*a*, 15*b*, 15*c*, 15*d*, 15*e*, 15*f*.

Fig. 16. **Nummulites planulatus** Lamk. : grande forme à petite loge initiale (le diamètre de cet échantillon est triplé).

Fig. 17. **Nummulites elegans** Sow. : petite forme à grande loge initiale (le diamètre de ces échantillons est triplé).
17*a*, 17*b*, 17*c*, 17*d*.

Gisement. — Assises phosphatifères de la vallée de l'Oued Ftouah.

Les échantillons de 1 à 14 sont de grandeur naturelle.

Le diamètre des échantillons 15, 16, 17 est triplé.

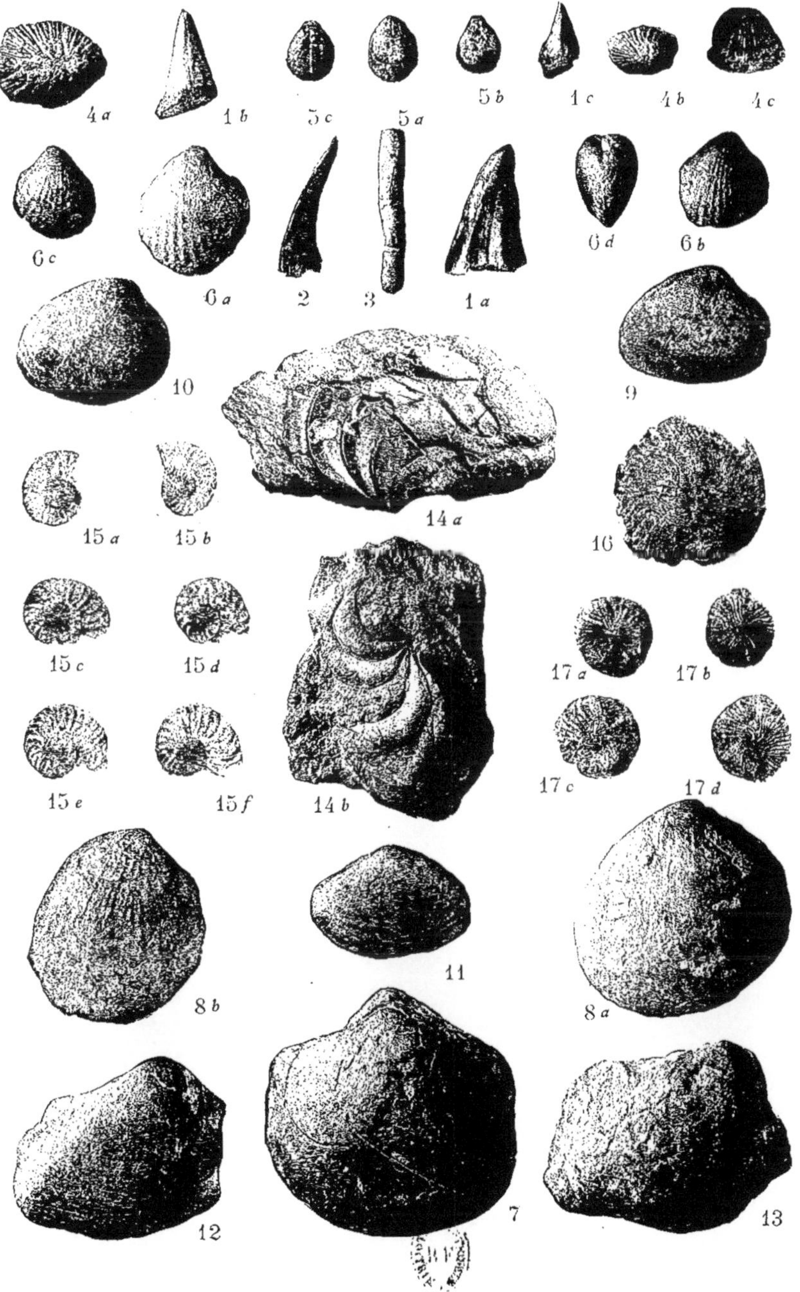

EOCÈNE de la Région de GUELMA

J. Dareste de la Chavanne

Phototypie Bourgeois Frères

PLANCHE VI

PLANCHE VI

Fig. 1. **Heligmotoma** aff. **libycum** Oppenheim (Moules internes de).
1*a*, 1*b*.
1*c* Échantillon montant l'ouverture.
1*d* Échantillon jeune.

Fig. 2. **Heligmotoma** aff. **niloticum** May. Eym. (Moule interne de).

Fig. 3. **Heligmotoma** sp. (Moule interne de).
3*a*
3*b* Échantillon montrant l'ouverture.

Fig. 4. **Rostellaria** sp. (Moule interne de).

Fig. 5. ? **Rostellaria** sp. (id.)
5*a*
5*b* Échantillon montrant l'ouverture.

Fig. 6. ? **Rostellaria** sp. (id.)

Fig. 7. ? **Rostellaria** sp. (id.)

Fig. 8. **Fusus** aff. **Tadbergensis** Coq. (id.)

Fig. 9. **Fusus** sp. (id.)
9*a*, 9*b*.
9*c*, 9*d* Échantillons montrant l'ouverture.

Fig. 10. **Volutilithes** sp. (id.)

Fig. 11. ? **Cryptoconus** sp.
11*a*, 11*b*, 11*c*

Fig. 12. **Xenophora ægyptiaca** Oppenheim (id.)
12*a*, 12*b*

Fig. 13. **Xenophora** aff. **ægyptiaca** Oppenheim (id.)
13*a*, 13*b*

Fig. 14. **Xenophora** sp. (id.)
14*a*, 14*b*

Fig. 15. **Xenophora** sp. (id.)
15*a*, 15*b*

Gisement. — Assises phosphatifères de la vallée de l'Oued Ftouah.

Tous les échantillons de cette planche sont de grandeur naturelle.

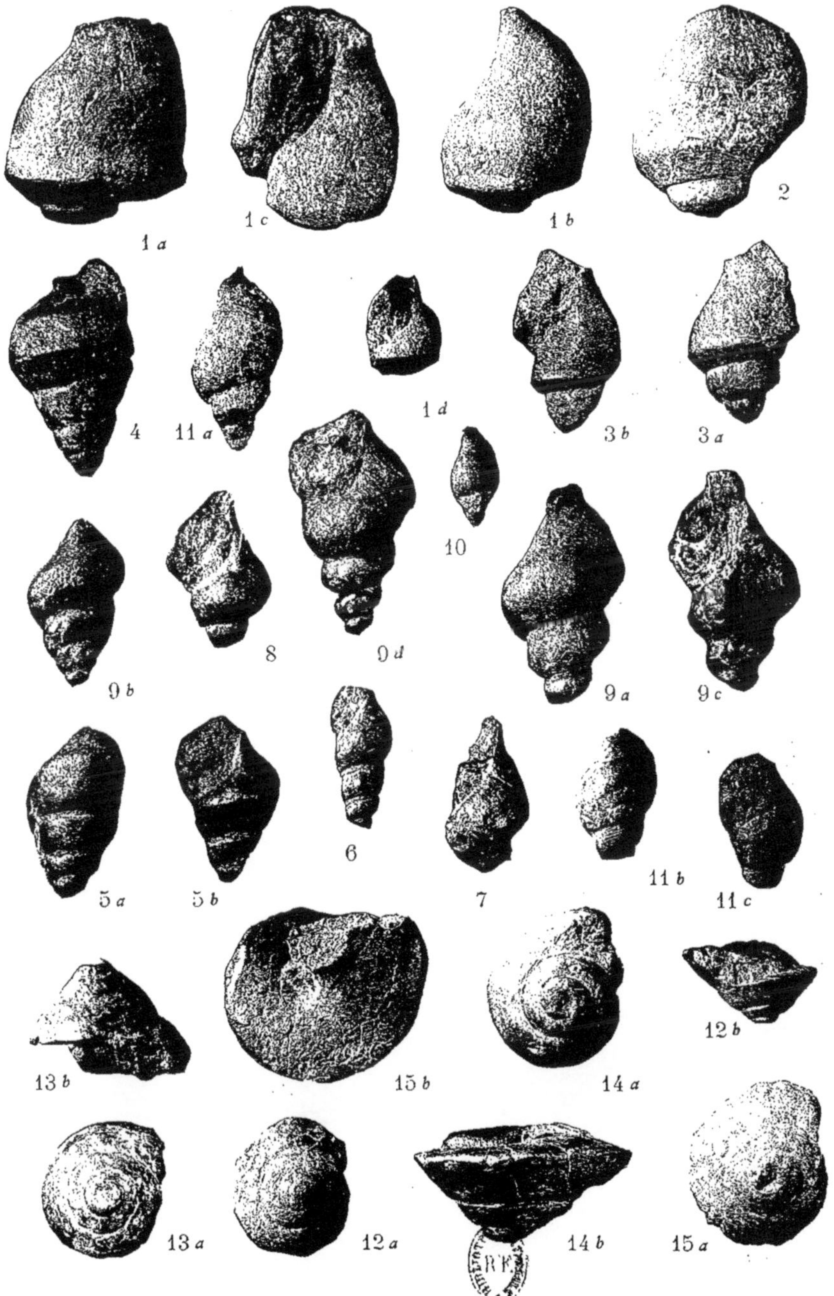

EOCÈNE de la Région de GUELMA

J. Dareste de la Chavanne

Phototypie Bourgeois Frères

PLANCHE VII

PLANCHE VII

Fig. 1. **Limnæa druentica** Depéret.

1a, *1b*, *1c*

1d Echantillon montrant l'ouverture.

Fig. 2. **Limnæa cucuronensis** Fontannes.

2a, *2b*, *2c*

2d, *2e* Echantillons montrant l'ouverture.

Fig. 3. **Bithinia leberonensis** Fischer et Tournoüer.

3a, *3b*, *3c*, *3d*

3e, *3f* Echantillons montrant l'ouverture.

Fig. 4. **Planorbis calamensis** nov. sp.

4a, *4b*, *4c* Echantillons vus par la face supérieure.

4d, *4e*, *4f* Echantillons vus par la face inférieure.

4g Echantillon vu de profil et montrant l'ouverture.

Fig. 5. **Ancylus Neumayri** Fontannes.

5a, *5b*, *5c*.

Gisement. — Marnes lacustres pontiques de la vallée de la Seybouse.

La longueur des échantillons de cette planche est triplée.

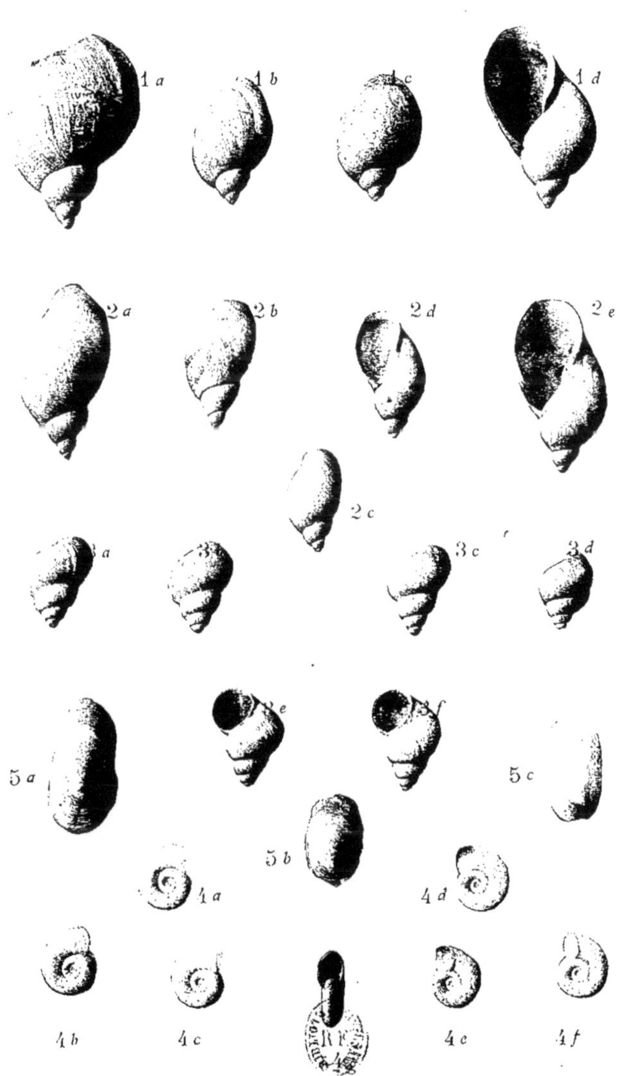

MIOCÈNE de la Région de GUELMA

J. Dareste de la Chavanne

Phototypie Bourgeois Frères

PLANCHE VIII

PLANCHE VIII

Fig. 1. **Palæochromis Darestei** Sauvage.

1*a*
1*b*

Fig. 2. **Palæochromis Rousseleti** Sauvage.

2*a*
2*b*
2*c*

Gisement. — Marnes sulfo-gypseuses sahéliennes de la vallée de la Seybouse, près Héliopolis.

Les échantillons de cette planche sont de grandeur naturelle.

MIOCÈNE de la Région de GUELMA

J. Dareste de la Chavanne

Phototypie Bourgeois Frères

PLANCHE IX

PLANCHE IX

Fig. 1. **Palæochromis Darestei** Sauvage.

Gisement. — Marnes sulfo-gypseuses sahéliennes de la vallée de la Seybouse, près Héliopolis.

Cet échantillon est de grandeur naturelle.

MIOCÈNE de la Région de GUELMA

J. Dareste de la Chavanne

Phototypie Bourgeois Frères

ALGER — TYPOGRAPHIE ADOLPHE JOURDAN — ALGER

www.ingramcontent.com/pod-product-compliance
Ingram Content Group UK Ltd.
Pitfield, Milton Keynes, MK11 3LW, UK
UKHW020159200726
13856UKWH00003B/1076